KB020714

아름다운 정원 디자인

전원주택 조경디테일

아름다운 정원 디자인

전 원 주 택
조경디테일

초판 발행 | 2021년 03월 10일
초판 2 쇄 | 2022년 11월 21일

저　자 | 유흥준

자문위원 | 생태환경Design연구소 장익식 이학박사(L.A CM)
전 육군사관학교 조경실장 김재원

발행인 | 이인구
편집인 | 손정미
사　진 | 인산, 이현수
디자인 | 나정숙
도　면 | 최재림

출　력 | (주)삼보프로세스
종　이 | 영은페이퍼(주)
인　쇄 | (주)웰컴피앤피
제　본 | 신안제책사

펴낸곳 | 한문화사
주　소 | 경기도 고양시 일산서구 강선로 9, 1906-2502
전　화 | 070-8269-0860
팩　스 | 031-913-0867
전자우편 | hanok21@naver.com
출판등록번호 | 제410-2010-000002호

ISBN | 978-89-94997-44 5 13540
가 격 | 40,000원

아름다운 정원 디자인

전원주택 조경디테일

저자 **유흥준**

한문화사

들어가는 말

사람은 누구나 자연이 주는 생동감 넘치는 에너지를 만끽하고 그로부터 정신적, 육체적인 치유를 받으며, 자연이 주는 생산물을 섭취하고 아름다운 경치를 즐기는 삶을 그리며 늘 자연으로의 회귀를 꿈꾼다. 조경은 바로 이런 사람들에게 하나의 꿈의 실현이다. 주택은 물론 도심지 빌딩, 호텔, 아파트, 공공기관, 학교 등 어디서든 사람이 활동하는 곳이라면 조경은 늘 곁에서 우리를 감싸며, 저마다의 환경과 특성에 따라 그 모습은 다르게 나타나고 표현된다.

일상을 딱딱한 콘크리트 안에서 보내는 도심지 사람들은 과중한 업무와 대인관계에서 오는 갖가지 스트레스에서 벗어나, 주거공간에서만큼이라도 가족과 함께 편안한 시간을 보내며 지친 몸과 마음을 힐링하고 에너지를 충전하고 싶어 한다. 오늘날 점점 더 많은 사람이 전원을 찾아 집을 짓고 정성 들여 정원을 아름답게 가꾸는 것은 바로 이런 자아 욕구 실현이라 할 수 있다.

조경은 일견, 자연을 있는 그대로 두어야 자연스러운 조경이 아니냐는 생각을 하는 사람도 있지만, 우리가 다루고자 하는 조경은 자연을 자연 그대로 차용하는 경우를 포함하여 거주자의 생활편의나 경관 개선, 미적 강화를 통해 더욱 정돈되고 가치를 더해가는 아름다운 주거환경을 조성하여 거주자에게 더욱더 유익하게 하는 것이다. 주택조경은 아파트, 빌라, 타운하우스, 단독주택 등 주거 형태에 따라 다양한 차별성을 갖는다. 건축물의 양식과 규모에 따라 조경도 특정한 양식을 띄게 되는데, 이는 그 장소와 시간, 외부환경, 소유자의 철학이나 취향과 밀접한 관련이 있다. 어떠한 조경이든 속해있는 건축물의 양식과 조화를 이룰 때 상호 상승작용으로 그 가치는 더욱 높아진다.

시대가 변하고 사상과 철학, 문화와 생활환경이 변화함에 따라 주거 양식도 현대적인 모습으로 변화를 거듭하고 있으며, 조경 또한, 과거 전통조경의 틀 위에서 다양한 변화를 시도, 모색하고 있다. 기존의 조경에 회화와 조소, 철학과 문학, 음악과 조명, 3D와 홀로그램, 전기와 전자, 전동시스템, 신소재 등 다양한 분야의 발전된 기술들이 크로스오버(cross-over)되면서 입체적이고 다차원적인 조경으로 나날이 발전하고 있다.

본 「전원주택 조경디테일」은 조경의 양식과 새로운 변화를 추구하고 있는 요소들이 무엇인지, 수많은 사례를 모으고 정리하여 쉽게 비교할 수 있도록 조경을 구성하는 요소별로 상세하게 소개하였다. 가능한 좀 더 다양한 사례를 통해 이해의 폭을 넓히고자 전원주택뿐만 아니라 한옥, 카페, 공공장소 등 조경의 영역을 우리 생활 주변의 다양한 장소로 넓게 확대하였다. 아울러 좀 더 효율적이고 성공적인 조경을 위해 조경공사 프로세스에 대해서도 함축적으로 정리하였다. 아무쪼록 본서가 조경업에 종사하는 시공자나 건축주, 조경에 관심 있는 많은 사람이 조경이란 큰 그림을 완성하고 꿈을 실현해가는 데 조금이나마 도움이 되기를 바란다.

끝으로 본서의 출간에 도움을 주신 한문화사 이인구 대표님과 처음 조경 입문에 가르침을 주신 한국전통문화대학교 김영모 총장님, 전 육군사관학교 조경실장 김재원님, 그리고 은사이신 전 한국경영학회 부회장 신수철 박사님께 존경과 감사의 마음을 전합니다. 그리고 못난 자식을 위해 한평생 고생만 하시다가 병환으로 요양 중이신 어머니의 강녕을 빌며 눈물로 책을 올립니다.

2021년 2월

수제천 연구실에서 유흥준

Contents

아름다운 정원 디자인

전원주택 조경디테일

HEIMA

CHAPTER

01

조경공사 프로세스와 정원식물 선택하기

조경공사 프로세스

오늘날 복잡한 도심지의 차가운 콘크리트 환경 속에서 스트레스를 받으며 일상을 살아가고 있는 많은 현대인은, 언젠가 아늑하고 아름다운 자연 속에 내 집을 마련하고 가족들과 함께 오순도순 단란하게 살아가는 삶을 동경하곤 한다. 하지만, 막상 일이 현실로 다가오면 그리 만만치가 않다. 주택의 부지 선정과 토지 구매, 각종 인허가와 건축, 인테리어, 설비, 전기, 토목, 조경 등 준비하고 해결해가야 할 많은 난제에 가로막혀 갈피를 못 잡고 시행착오를 겪게 되는 경우를 종종 본다. 그러나 사전에 알고 준비해간다면 이러한 시행착오를 줄일 수 있을 것이다. 이 가운데 전원주택의 백미인 조경에 대한 해결책과 지침을 위해 함축적인 조경공사 프로세스를 소개한다. 정확한 조경 프로세스를 알고 체계적으로 준비한다면, 기존에 알고 있던 조경에 대한 인식을 뛰어넘어 차원 높은 단계의 조경을 내 집에 도입할 수 있게 될 것이다.

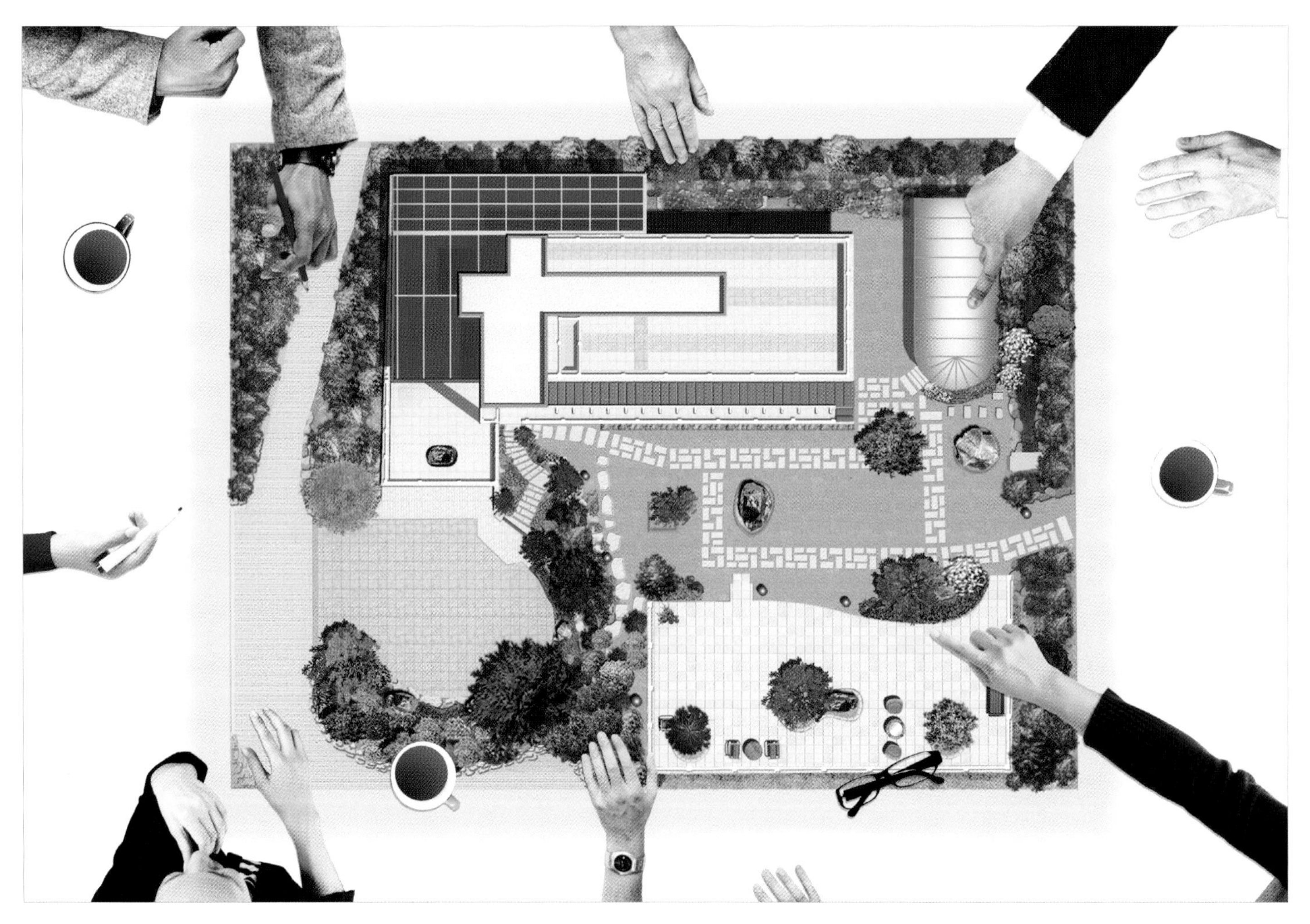

조경설계는 조경하기 전에 생각을 정리하는 시간이다. 건축주의 의견을 듣고 조경가와 협의 과정을 거쳐 완성도 높은 디자인을 구성한다.

단계별 조경 컨설팅

1. 부지 선정 단계

전원주택부지의 선정단계에서 조경가는 부지의 위치와 형태, 지형의 모양과 토양의 상태, 풍수지리적 특성, 주변 환경조사를 통해 건축주가 원하는 조경을 구현할 수 있는지를 컨설팅할 수 있다. 부지가 이미 선정되었다면 내외적 환경을 조사하여 최적의 조경 양식을 조언할 수 있다.

2. 건축설계 단계

부지 선정 후 건축주와 건축사가 건축의 기본양식을 결정하고, 조감도 제작 전후라면 1항의 내외적 환경과 전원주택 건축물의 양식을 고려하고 건축주의 조경에 대한 의견을 청취한 후, 최적의 조경 양식을 컨설팅하고 조경설계를 진행한다.

3. 건축시공 단계

전원주택의 부지선정, 건축설계 단계가 끝나고 시공단계에 조경 컨설팅을 받는다면, 조경 양식의 변화는 제한적이고 조경설계에 반영되는 소재도 다소 제한된다. 이 시기의 조경 컨설팅은 건축물의 양식, 규모와 형태에 따라 정확하게 조경설계를 할 수 있다는 장점은 있으나, 조경설계 변경의 기회는 감소한다. 조경 컨설팅은 부지선정 전부터 종합적으로 계획하고 설계해서 시공하는 것이 전원주택과 조경의 완성도를 높이는 데 유리하다. 늦어도 건축 설계 단계에는 조경 컨설팅을 받는 것을 권장한다.

현장조사 및 준비사항

조경가가 현장을 방문하여 여러 항목을 실사하고 건축주의 의견을 상세히 청취하여 해당 전원주택 조경의 개념을 설정한다.

1. 환경 조사

전원주택의 방향에 따른 동서남북의 주변 환경 현황, 해당 부지의 조경면적 및 경계라인 확인, 부지의 특징(지형, 토양 및 암반, 부지의 레벨, 계류나 지하수의 유무 등)을 사진 촬영을 병행하여 실시한다.

1) 건축물의 양식 파악

전원주택의 양식을 파악하는 것이 조경 양식을 결정하는 가장 중요한 요소이다. 건축물이 서양식인지 한옥식인지, 더 세부적으로 서양식에서도 이탈리아 빌라 양식, 프랑스 궁전 양식, 그리스 신전 양식, 바로크식, 고딕식, 포스트모던 양식 등 다양하고, 한옥에도 지붕의 양식과 구조에 따라 다양하다. 이런 주택의 양식을 정확하게 파악해야 그에 맞는 조경 양식을 선정할 수 있다.

2) 건축물의 방향 확인

전원주택은 건축물이 대부분 남향, 남서향, 남동향으로 배치되나 간혹 다른 방향으로 향하는 경우가 있다. 건축물의 향에 따라 조경의 각 공간배치가 달라지고 배식에 영향을 받기 때문에 반드시 고려해야 할 항목이다.

01_ 협의한 내용을 토대로 전원주택 조경 제안서를 제출한다. 건축주의 요구에 맞게 디자인되었는지 점검하고 수정사항이 있으면 반영하여 도면을 완성한다.

02_ 산이 병풍처럼 둘러쳐진 구릉지에 있는 현대적인 디자인의 전원주택과 어울리는 고급스러운 숲속의 명품정원을 구상했다.

3) 외부 환경 현황 조사

부지 주변의 환경 현황과 인접부지의 향후 건축 계획 등 변화될 요인들을 파악하여 어느 곳에 어떤 공간을 배치할 것인지 판단해야 한다. 또한, 혐오시설이나 물체가 있는 곳을 차폐하고 외부 경관이 수려한 곳은 어느 각도로 어느 정도 개방하여 차경할 것인지 등을 판단해야 한다.

4) 부지의 특징 조사

해당 부지의 조경 면적 및 경계라인을 정확하게 확인하고 부지의 지형과 고저, 기존 토양의 토질, 암반의 존재 여부와 크기와 위치, 계류나 연못의 존재 여부 및 크기와 형태, 지하수의 유무 등 부지의 세세한 특징을 정확하게 파악하여 기록하고 처리 방법을 도출하여 설계에 반영해야 한다.

2. 건축주의 의견 청취

건축주와 가족 구성원들의 조경에 대한 희망 사항과 방향, 최종준공일 등을 면밀히 청취하고 조경가는 환경조사의 내용을 토대로 조경의 양식과 개념 및 공간 구성과 특징을 건축주에게 이해하기 쉽게 설명하고 조경의 개념을 설정한다. 또한, 공사 진행 시 의사결정 프로세스와 대금 결제 등 제반 조경공사 진행에 관한 협의를 완료한다.

설계도 작성과 계약 협의

전원주택 조경의 개념이 결정되면 조경가는 해당 콘셉트에 맞는 설계도를 작성하고 공사예산서를 작성하여 건축주와 계약 관련 사항을 세부적으로 협의한다. 이때 설계도는 캐드, 포토샵, 스케치업, 드로잉 등으로 건축주가 이해하기 쉽게 작성한다. 공사예산서는 토공사량, 수목의 종류와 수량, 시설물의 규격과 수량, 포장재의 종류와 규격, 수량 등이 정확하게 명시되고 그에 따라 견적금액이 명확해야 한다. 수량별 단가로 견적하는 이유는 공사 중에 늘어나거나 변경되는 사항에 대해 정확한 기준을 마련해두기 위함이다. 건축주의 이의제기나 변경 요구 시 개념도와 견적서는 합의를 거쳐 몇 차례 수정하고 최종적으로 결정한다.

주정의 전면에 평평하고 넓은 석재데크를 깔아 휴식공간을 마련하고, 정원 곳곳에 각종 야생화를 심고 수석, 조각품 등 조경 첨경물을 적절하게 배치하여 경관을 더한 갤러리 같은 분위기의 정원이다.

계약 체결

최종 합의로 결정된 설계도서(실시설계도, 시방서)와 계약 내역서를 첨부하여 도급계약서를 작성한다. 계약체결 전에 내용을 꼼꼼히 확인하고 추후 분쟁 발생의 소지를 줄여야 한다. 모든 과정이 확인된 후에 계약서에 상호 날인하여 각각 한 부씩 보관한다. 계약서에는 계약금액과 공사기간은 물론이고 계약 이행에 대한 보증, 하자보수에 대한 보증 등을 포함함으로써 추후 분쟁의 발생을 줄일 수 있다.

조경공사

1. 공사 전 확인 사항

조경공사는 건축, 설비, 전기, 토목 등 여러 공정과 연계되어 있음으로 각 공정의 일정을 파악하고 준공일에 맞추어 조정한다. 각 공정 간의 경계를 명확히 하고 점검해야 공정간 누락되거나 중첩되는 항목을 막을 수 있다. 공사예정공정표를 공사 시작 전에 작성하여 건축주의 승인을 받고 공사 진행 일정의 지표로 삼는다. 건축주는 공정간 충돌이 발생하지 않도록 각 공정의 공정표를 상호 비교 검토하여 공정간 충돌에 따른 조경공사 지체로 인한 조경회사의 피해가 발생하지 않도록 해야 한다. 잘못된 공정관리로 인해 발생하는 경비 및 비용 상승은 건축주가 배상해야 하며, 그에 따른 공사기간의 지체에 대한 책임도 조경회사에 물을 수 없다.

1) 건축

주차장이나 건축물에 접하고 있는 구조물을 어디까지 건축이 담당하는지, 언제 시공이 완료되는지 등을 파악해야 한다.

2) 설비

조경용 수전을 설치하기 위해 설비의 상수관로는 어디에 위치하는지 파악해야 하며, 설비공정이 수전과 수경시설 설비를 모두 맡는다면 공정계획을 공동으로 세워야 한다. 콘크리트 타설이나 방수시설 설치 전에 설비 관로가 매설되어야 하고, 시설 설치 후 마감 설비가 투입되어야 하기 때문이다.

3) 전기

전기의 경우 분전반의 위치와 전압 등을 파악하고 콘트롤박스의 전기인입을 확인해야 한다. 전체 경관조명의 규격과 수량 등을 전기 업체에 미리 알려주고 그에 맞는 전압의 배선을 협의해야 한다. 음향시설이 설계에 있는 경우 이도 함께 고려해야 한다.

4) 토목

토목은 주차시설이나 포장 등 공사의 범위를 명확히 하고 오·우수 배수시설의 위치 파악과 공정 협의가 있어야 한다. 수경시설, 수전의 퇴수와 우수 배수를 위한 집수정의 위치, 레벨 및 수량, 측구나 흄관 등의 위치를 파악해야 한다. 토목 공정은 조경공사의 진행 여부에 영향을 직접 주기 때문에 수시로 공정협의를 거쳐 장애가 발생하지 않도록 해야 한다.

2. 공사 진행

계약한 설계도와 공사예정공정표를 기준으로 공사를 진행한다.

1) 부지 정리 및 토공사

계획고와 지형에 맞게 굴삭기와 인력으로 땅을 고르고 절토, 성토하여 부지를 조성한다.

01

02

01_ 드론 촬영 장면. 주변 풍광이 멀리까지 시원스레 내려다보이는 탁 트인 자연환경과 정원이 일체감을 이뤄 계절 따라 변하는 자연의 풍광에 흠뻑 빠지는 휴양지 같은 정원이다.
02_ 곳곳에 놓인 조형 작품과 첨경물들이 수형이 아름다운 나무들과 조화를 이루어 더욱 돋보이는 정원이다.

판석과 대리석을 이용한 모던 스타일 조경이다. 돌은 영구적인 마감재로 내구성이나 디자인 측면에서 탁월한 재료로 이용 가치가 높다.

대문 입구와 주정원으로 오르는 경사지에 장대석계단을 놓아 마감하고, 좌·우측은 석축 시공 후 다양한 관목류로 틈새 식재하여 계단에 자연의 생기를 불어넣었다.

2) 배수시설 설치

우수의 배수를 위해 설계도에 따라 다발관, 유공관, 배수판을 설치하거나 각종 배수관 및 집수정, 빗물받이 등을 설치한다. 수목 식생과 포장재의 내구성과 하자에 영향을 많이 미치는 것이 배수이므로 특별한 주의가 필요하다.

3) 시설물 설치

시설물의 규모가 크거나 선 시공 시 배후에 식재할 대교목의 반입이 어려우면 대교목을 먼저 식재해야 한다. 시설물은 위치에 따라 다른 시설물의 시공상 장애가 발생하지 않게 계획을 세워서 순차적으로 공사를 진행해야 한다.

4) 수목 식재

대교목, 중교목, 소교목, 중관목, 소관목, 지피·초화류, 잔디 순으로 식재한다. 조형수는 특히 건축주와 의견을 잘 교환한 후에 수형과 크기를 고려하여 거주자의 뷰포인트를 고려하여 최적의 형태로 식재한다.

5) 포장공사

포장공사 중 경계재는 수목 식재의 중교목 식재 후 소교목 식재 전에 하는 것이 좋다. 경계재를 설치한 후에 소교목과 관목류, 지피류 등이 식재되어야 마감이 깔끔하게 나온다. 관목 식재 후에 포장재를 시공하고 마지막으로 지피, 초화, 잔디를 식재하면 시공 중 식생의 훼손을 줄일 수 있다.

6) 설계 변경

공사 진행 중 여러 가지 사유로 공사 내용의 변경 상황이 발생하거나 건축주의 변심으로 조경공사의 부분 변경이 발생한다. 경제적으로 미미한 경우가 아니라면 수목의 종류, 수량, 시설물의 품목, 규격, 추가 품목 등이 발생하면 추가 견적서를 건축주에게 제출하고, 변경계약이나 금액이 포함된 건축주의 날인이 된 작업지시서 수령 등으로 건축주의 명확한 승인에 따라 공사를 진행한다.

7) 뒷정리 및 유지관리 지침서 전달

조경공사가 마무리되면 각종 잔재물을 청소하여 폐기 처리하고 최종 전지, 소독, 관수와 시설물, 포장을 점검하고 건축주의 공사 완료 확인을 받는다. 동시에 해당 조경공사의 품목별 유지관리 지침서를 전달하여 향후 조경 유지관리에 도움을 준다.

8) 공사 대금 수령

건축주는 공사 완료 확인 후 계약서상 대금 결제일에 공사대금을 지급한다.

9) 사후 관리

계약상 유지관리가 포함되어 있다면 계약기간 동안 유지관리 계약 내용에 따라 업무를 수행해야 한다. 보통 유지관리는 수목의 소독과 전지, 전정, 비료 시비, 풀 뽑기 및 잔디 깎기, 낙엽 제거, 월동구 설치 및 제거 등의 항목이 있다.

01_ 건물의 지하에 일체형으로 벙커형 주차장을 만들고, 측정의 바닥을 대리석으로 마감하여 외부형 주차장과 연계하였다.
02_ 경사지를 2단 처리하여 자연스러운 입체감을 살리고 주차장 입구부터 정원 내부를 잇는 동선까지 다양한 석재를 이용하여 조경과 조화를 꾀하였다.

정원의 수목과 초화류 선택하기

조경은 자연의 형태를 좁은 공간에 연출해 냄으로써 자연과 인간의 조화를 통한 기능적, 미적 환경을 창조하는 하나의 종합과학예술이라 할 수 있다. 어떠한 규정이 정해져 있는 것은 아니지만, 오랜 기간 가까이서 보는 정원 풍경을 주도해가는 정원수와 초화류의 선택은 자신만의 중요한 몫이다. 기왕이면 모든 사람에게 호감을 주면서도 자신이 바라고 꿈꿔왔던 정원을 좀 더 아름답고 효과적으로 꾸밀 수 있다면 더할 나위 없이 좋을 것이다. 이러한 목표를 위해서는 무엇보다도 정원식물의 특성과 쓰임새에 대한 이해가 필요하다.

본 장에서는 수많은 정원식물을 다양한 카테고리로 나누어 각 목적에 알맞은 식물을 선택하는 데 도움을 주고자 한다. 야생화를 포함하여 일반 화단에서 재배하는 초화류를 중심으로 개화기를 기준으로 화색과 함께 월별로 분류하였다. 정원수는 정원의 위치나 크기, 구조물 등에 어울리는 수종을 선택하는 것이 바람직하나, 개개인의 취향과 기호에 따라 달라질 수 있음으로 다음 항목들을 고려하여 선택하기를 권장한다.

01 주위 환경에 잘 적응하는 수종
02 이식이 잘 되는 수종
03 수명이 길고 신선미를 풍기는 수종
04 동해(凍害)에 강한 수종
05 병충해에 강한 수종
06 관상 가치가 있는 수종
07 발육 상태가 왕성한 수종
08 자연 상태에서 희귀한 수종
09 개성이 뚜렷한 수종

키 큰 교목을 배경 삼아 화기와 화색을 고려한 다양한 관목과 초화류를 혼합식재 하였다. 계절에 맞는 풍성한 볼거리를 제공하면서도 생태적으로도 안정된 식생을 이루게 하였다.

정원수의 쓰임새와 월별 분류

전원주택의 정원수를 중심으로 그 대상의 폭을 넓혀 주택단지, 공원, 가로나 도로변 등 우리 생활환경 주변에 심는 나무들을 포함하였다. 또한, 온대 중부지방에서 널리 이용하는 수목을 식물의 형태 및 관상가치로 구분하였다. 수목 중에는 그 쓰임새의 분류에 따라 종이 중복될 수 있음을 일러둔다.

1. 정원수의 쓰임새에 따른 분류

1) 관상용 수목

(1) 계절별 대표 정원수

나무는 계절별로 꽃이 피는 시기, 열매를 맺고 낙엽이 지는 시기가 달라 철따라 변하는 나무의 특성에 맞게 혼식하면 다양한 표정의 정원을 유지할 수 있다.

봄: 개나리, 매화나무, 목련, 벚나무, 산수유, 생강나무, 진달래, 철쭉, 풍년화, 히어리 등

여름: 나무수국, 매자나무, 무궁화, 배롱나무, 불두화, 산딸나무, 자귀나무, 작살나무 등

가을: 감나무, 계수나무, 느티나무, 단풍나무, 모과나무, 벽오동, 복자기, 화살나무 등

겨울: 구상나무, 소나무, 주목, 전나무, 향나무류 등

(2) 꽃 관상용 수목

귀룽나무, 꽃복숭아, 꽃사과, 노각나무, 때죽나무, 마가목, 매화나무, 명자나무, 모과나무, 모란, 무궁화, 미국산딸나무, 박태기나무, 배롱나무, 백당나무, 말발도리, 목련, 목백합, 벚나무, 불두화, 산딸나무, 산사나무, 산수유, 산철쭉, 살구나무, 수국류, 영산홍, 이팝나무, 인동덩굴, 자귀나무, 자두나무, 자목련, 조팝나무, 진달래, 함박꽃나무, 해당화, 황매화 등

(3) 열매 관상용 수목

적색계: 감나무, 남천, 마가목, 먼나무, 보리수, 산수유, 옥매화, 자두, 작살나무, 팥배나무, 피라칸타, 해당화, 화살나무

황색계: 매실나무, 명자나무, 모과나무, 복사나무, 살구나무

흑자색계: 분꽃나무, 생강나무, 쥐똥나무

(4) 수형 관상용 수목

가이즈까향나무, 느티나무, 반송, 섬잣나무, 소나무, 주목, 향나무

(5) 잎 관상용 수목

낙우송, 느티나무, 단풍나무류, 대나무, 벽오동, 사철나무, 소나무, 은행나무, 주목, 측백나무, 편백, 향나무, 화백, 화이트핑크셀릭스, 황금사철나무

(6) 단풍 관상용 수목

홍색계: 단풍나무류, 매자나무, 붉나무, 산딸나무, 참빗살나무

황색 및 갈색계: 계수나무, 낙우송, 느티나무, 때죽나무, 메타세쿼이아, 벽오동, 은행나무

매화나무 봄, 2~4월, 흰색·담홍색 등
잎보다 먼저 피는 꽃이 매화이고 열매는 식용으로 많이 쓰는 매실이다. 상용 또는 과수로 심는다.

매실나무 봄, 2~4월, 흰색 등
꽃은 잎보다 먼저 피고 연한 붉은색을 띤 흰빛이며 향기가 나고, 열매는 공 모양의 녹색이다.

벚나무 봄, 4~5월, 분홍색
꽃은 잎보다 먼저 피고 산방꽃차례로 3~6개의 꽃이 달린다. 열매는 흑색으로 익으며 버찌라고 한다.

산수유 봄, 3~4월, 노란색
봄을 여는 노란색 꽃은 잎보다 먼저 피는데 짧은 가지 끝에 산형꽃차례로 20~30개가 모인다.

진달래 봄, 4~5월, 붉은색
진달래의 붉은색이 두견새가 밤새 울어 피를 토한 것이라는 전설 때문에 두견화라고도 한다.

산딸나무 봄, 5~6월, 흰색
꽃은 짧은 가지 끝에 두상꽃차례로 피고 좁은 달걀 모양의 4개 하얀 포(苞) 조각으로 싸인다.

단풍나무 봄, 5월, 붉은색
10m 높이로 껍질은 옅은 회갈색이고 잎은 마주나고 손바닥 모양으로 5~7개로 깊게 갈라진다.

화살나무 봄, 5월, 녹색
많은 줄기에 많은 가지가 갈라지고 가지에는 화살의 날개 모양을 띤 코르크질이 2~4줄이 생겨난다.

정원의 수목과 초화류 Garden Trees and Flowering plants

명자나무 봄, 4~5월, 붉은색
정원에 심기 알맞은 나무로 여름에 열리는 열매는 탐스럽고 아름다우며 향기가 좋다.

미국산딸나무 봄, 4~5월, 분홍색·흰색 등
봄에는 아름다운 꽃, 여름에는 잎, 가을에는 붉은 단풍, 겨울에는 열매까지 감상 가치가 뛰어나다.

박태기나무 봄, 4월, 분홍색
잎보다 분홍색의 꽃이 먼저 피며 꽃봉오리 모양이 밥풀과 닮아 '밥티기'란 말에서 유래 되었다.

배롱나무 여름, 7~9월, 붉은색 등
100일 동안 꽃이 피어 '백일홍' 또는 나무껍질을 손으로 긁으면 잎이 움직인다고 하여 '간지럼나무'라고도 한다.

산사나무 봄, 5월, 흰색
9~10월에 지름 1.5cm 정도의 둥근 이과가 달려 붉게 익는데 끝에 꽃받침이 남아 있고 흰색의 반점이 있다.

이팝나무 봄, 5~6월, 흰색
조선시대에 쌀밥을 이밥이라 했는데 쌀밥처럼 보여 이밥나무라 불리다가 이팝나무로 변했다.

황매화 봄, 4~5월, 노란색
높이 2m 내외로 가지가 갈라지고 털이 없으며 꽃은 잎과 같이 잔가지 끝마다 노란색 꽃이 핀다.

남천 여름, 6~7월, 흰색
과실은 구형이며 10월에 붉게 익는다. 단풍과 열매도 일품이어서 관상용으로 많이 심는다.

먼나무 봄, 5~6월, 연자주색
가을이면 연초록빛의 잎사귀 사이사이로 붉은 열매가 나무를 온통 뒤집어쓰고, 겨울을 거쳐 늦봄까지 매달려 있다.

장미(안젤라) 봄, 5~6월, 붉은색
4cm의 작은 꽃잎이 5~10송이씩 전 가지와 잎을 덮을 정도로 피며 줄기가 3m 높이까지 자라고 내병성, 내한성에 강하다.

생강나무 봄, 3월, 노란색
꽃은 잎이 나오기 전에 피는데 잎겨드랑이에서 나온 짧은 꽃대에 작은 꽃들이 모여 산형꽃차례로 달린다.

느티나무 봄, 4~5월, 노란색
가지가 고루 퍼져서 좋은 그늘을 만들고 벌레가 없어 마을 입구에 정자나무로 가장 많이 심어진다.

화이트핑크셀릭스 봄, 5~7월, 분홍색
우리말로 표현하면 흰색·분홍색 버드나무란 뜻으로 꽃이 아니며 잎이 계절별로 변하는 수종이다.

황금사철나무 여름, 6~7월, 연한 황록색
일 년 내내 잎 전체가 황금색을 유지하여 매우 화사하며, 내한성이 강해 전국 어디서나 식재가 가능하다.

흰말채나무 봄, 5~6월, 흰색
홍서목(紅瑞木)이라고도 하며 껍질은 홍자색을 띠고 꽃은 우산 모양의 취산꽃차례로 달린다.

낙상홍 여름, 6월, 붉은색
열매는 5mm 정도로 둥글고 붉게 익는데, 잎이 떨어진 다음에도 빨간 열매가 다닥다닥 붙어 있다.

메타세쿼이아 봄, 3월, 노란색
살아 있는 화석식물로 원뿔 모양으로 곧고 아름다워서 가로수나 풍치수로 널리 심는다.

복숭아나무 봄, 4~5월, 붉은색
복사나무라고도 하고 열매인 복숭아는 식용한다. 꽃은 아름다운 여인의 자태를 상징하기도 한다.

꽃사과 봄, 4~5월, 흰색 등
잎은 사과 잎보다 연한 녹색으로 광택이 나며 꽃은 한 눈에서 6~10개의 흰색·연홍색의 꽃이 핀다.

홍가시나무 봄~여름, 5~6월, 흰색
정원이나 화단에 심어 기르는 상록성 작은 키 나무로 잎이 날 때 붉은색을 띠므로 홍가시나무라고 한다.

(7) 줄기 색채 관상용 수목

백색계: 백송, 서어나무, 양버즘나무, 자작나무

적·갈색계: 남천, 노각나무, 모과나무, 배롱나무, 섬잣나무, 철쭉, 흰말채나무

청록색계: 벽오동

(8) 초화류와 잘 어울리는 관목

공조팝나무, 나무수국, 낙상홍, 뜰보리수, 라벤더, 라일락, 명자나무, 병아리꽃나무, 불두화, 사철나무, 산수국, 장미, 철쭉, 해당화, 홍매자, 황금조팝나무, 회양목, 후크시아, 흰말채나무 등

2) 녹음용 수목

녹음이 필요한 계절에 그늘을 형성하고 겨울에는 잎이 떨어지는 수종과 사람의 머리가 닿지 않을 정도의 높이로 가지가 형성되어 수관이 큰 교목류가 적당하다. 그늘이 좋은 나무로는 계수나무, 느티나무, 목련, 벚나무류, 양버즘나무, 은행나무, 칠엽수, 팽나무, 회화나무 등이 널리 쓰인다.

3) 생울타리 및 차폐용 수목

경계 기능이나 시선 차폐, 통행 조절 등의 목적에 사용되는 나무류는 식물의 질감이 좋아야 하고, 맹아력이 강해서 가지치기에 잘 견디며, 아름다운 꽃이나 열매가 많이 맺히는 수종이 좋다.

(1) 생울타리용 수목

양지바른 곳에 적합한 수목: 개나리, 덩굴장미, 명자나무, 무궁화, 보리수나무, 사철나무, 조팝나무, 쥐똥나무, 철쭉류, 측백나무, 탱자나무, 향나무, 화백, 화살나무, 회양목

그늘진 곳에 적합한 수목: 주목, 회양목

(2) 차폐용 수목

사철나무, 서양측백, 섬잣나무, 소나무, 양버들, 주목, 측백, 향나무, 화백

(3) 생울타리 종류별 수목

바깥 울타리: 정원과 길의 경계나 이웃집과의 사이에 만들어지는 울타리로 높이는 보통 1.5~2m 정도이다. 개나리, 개비자나무, 꽝꽝나무, 무궁화, 사철나무, 스트로브잣나무, 주목, 쥐똥나무, 측백나무, 탱자나무, 향나무, 호랑가시나무 등이 있다.

꽃 울타리: 경계로 삼는 동시에 꽃을 즐기기 위해 만든다. 개나리, 동백나무, 명자나무, 무궁화, 박태기나무, 서향, 애기동백, 조팝나무, 차나무, 철쭉류, 치자나무 등이 있다.

혼합 울타리: 여러 가지 수종을 적당히 혼식하여 만든 울타리로 상록수와 낙엽수를 섞어 심어 울타리를 만든다.

- 침엽수: 개비자나무, 노간주나무, 눈주목, 비자나무, 사철나무, 삼나무, 주목, 측백나무, 향나무, 화백 등

- 상록활엽수: 감탕나무, 광나무, 꽝꽝나무, 금목서, 동백나무, 서향, 아왜나무, 은목서, 차나무, 치자나무, 회양목 등

- 낙엽활엽수: 개나리, 단풍나무류, 매자나무, 명자나무, 무궁화, 보리수나무, 조팝나무, 진달래, 철쭉 등

2. 화목(花木)의 월별 분류

자연 상태에 있는 모든 수종을 정원수로 이용할 수 있으나, 그 크기에 따라 교목과 관목으로 크게 나눌 수 있다. 화목의 개화기를 기준으로 월별로 활엽수 교목, 상록수 교목, 활엽수 관목, 상록수 관목, 덩굴식물로 나누어 화색과 함께 표기하였다.

1) 교목(喬木)

보통 한 개의 줄기가 있고 키가 높이 자라는 나무를 말하며, 관목(灌木)과 대응되는 말로써 나무 중에서 키가 2m이상 혹은 8m이상 자라며 주간(主幹)이 뚜렷하게 발달한 나무를 말한다. 교목을 활엽수 교목과 상록수 교목으로 나누고, 월별로 개화기를 나누어 화색과 같이 표기하였다.

(1) 활엽수 교목

2월 오리나무(암홍색)

3월 갯버들(백색), 매화나무(백색, 홍색), 메타세쿼이아(녹색), 복숭아나무(담홍색), 생강나무(황색), 올벚나무(담홍색)

4월 겹벚꽃나무(담홍색), 계수나무(자주색), 꽃사과(백색, 연홍색), 꽃아그배나무(담홍색), 낙우송(자주색), 느티나무(녹색, 황색), 목련(백색, 자색), 배나무(백색), 백목련(백색), 복숭아나무(담홍색), 산벚나무(담홍색), 살구나무(담홍색), 수양벚나무(백색), 아그배나무(담홍색), 왕벚나무(백색), 이팝나무(백색), 자두나무(백색), 팥배나무(백색)

5월 감나무(백색, 황색), 귀룽나무(백색), 때죽나무(백색), 모과나무(담홍색), 밤나무(백색), 백합나무(적황색), 산사나무(백색), 오동나무(자색), 은행나무(녹색), 일본목련(유백색), 쪽동백(백색), 층층나무(백색), 채진목(백색), 함박꽃나무(백색)

6월 산딸나무(백색), 참죽나무(백색)

7월 노각나무(백색), 모감주나무(황홍색), 자귀나무(담홍색)

8월 배롱나무(분홍색, 백색 등), 자귀나무(담홍색), 회화나무(황색)

(2) 상록수 교목

3월 동백나무(홍색)

4월 붓순나무(담황색), 소귀나무(암홍색), 소나무(자주색, 황색), 주목(갈색, 녹색), 월계수(담황색), 측백나무(갈색), 편백(황색), 향나무(갈색,

정원의 수목과 초화류 Garden Trees and Flowering plants

동백나무 봄, 12~4월, 붉은색
5~7개의 꽃잎은 비스듬히 퍼지고 수술은 많으며 꽃잎에 붙어서 떨어질 때 함께 떨어진다.

미선나무 봄, 3~4월, 붉은색·백색
세계적으로 1속 1종밖에 없는 희귀종이므로 천연 기념물로 지정하여 보호하고 있다.

괴불나무 봄~여름, 5~6월, 노란색·흰색
열매는 달걀형 또는 원형이며 길이 7mm로 붉은색이고 9월 말에서 10월 말에 성숙한다.

수수꽃다리 봄, 4~5월, 자주색·흰색 등
한국 특산종으로 북부지방의 석회암 지대에서 자라며 향기가 짙은 꽃은 묵은 가지에서 자란다.

삼색병꽃나무 봄, 5월, 백색·분홍·붉은색
우리나라에서만 자라는 특산식물로 꽃과 열매의 기다란 모양이 병을 거꾸로 세워 놓은 것 같다.

산수국 여름, 7~8월, 흰색·하늘색
낙엽관목으로 높이 약 1m이며 작은 가지에 털이 나고 꽃은 가지 끝에 산방꽃차례로 달린다.

부겐빌레아 봄~가을, 4~11월, 분홍색·빨간색 등
보통 꽃으로 알고 있는 포엽이 관상 포인트인 식물로 3개씩 싸여서 삼각형 모양을 이룬다.

등나무 봄, 5~6월, 연자주색
높이 10m 이상의 덩굴식물로 타고 올라 등불 같은 모양의 꽃을 피우는 나무라는 뜻이 있다.

종덩굴 여름, 7~8월, 자주색
덩굴식물이며 아래를 향해 피는 보랏빛 꽃이 종처럼 생겼다고 하여 '종덩굴'이라고 부른다.

클레마티스 봄~여름, 5~6월, 분홍색 등
꽃은 10~15cm로 흰색, 연한 자주색 등 다양하게 있고 가지 끝에 원추꽃차례로 1개씩 달린다.

시계꽃 여름, 7~8월, 연보라색·흰색
브라질 원산의 상록성 다년생 덩굴식물로 꽃의 모양이 시계처럼 생긴 데서 이름이 유래하였다.

능소화 여름, 7~9월, 주황색
가지에 흡착 근이 있어 벽에 붙어서 올라가고 깔때기처럼 큼직한 꽃은 가지 끝에 5~15개가 달린다.

구절초 여름~가을, 9~11월, 흰색 등
9개의 마디가 있고 음력 9월 9일에 채취하면 약효가 가장 좋다는 데서 구절초라는 이름이 생겼다.

벌개미취 여름~가을, 6~9월, 자주색
뿌리에 달린 잎은 꽃이 필 때 진다. 꽃은 군락을 이루면 개화기도 길어 훌륭한 경관을 제공한다.

붓꽃 봄~여름, 5~6월, 자주색 등
약간 습한 풀밭이나 건조한 곳에서 자란다. 꽃봉오리의 모습이 붓과 닮아서 '붓꽃'이라 한다.

맥문동 여름, 6~8월, 자주색
꽃이 아름다운 지피류로 그늘진 음지에서 잘 자라 최근에 하부식재로 많이 사용하고 있다.

범부채 여름, 7~8월, 붉은색
꽃은 지름 5~6cm이며 수평으로 퍼지고 노란빛을 띤 빨간색 바탕에 짙은 반점이 있다.

비비추 여름, 7~8월, 보라색
꽃은 한쪽으로 치우쳐서 총상으로 달리며 화관은 끝이 6개로 갈래 조각이 약간 뒤로 젖혀진다.

금낭화 봄, 5~6월, 붉은색
전체가 흰빛이 도는 녹색이고 꽃은 담홍색의 볼록한 주머니 모양의 꽃이 주렁주렁 달린다.

꽃무릇 가을, 9~10월, 붉은색
절에서 흔히 심는 가을꽃으로 추출한 녹말로 불경을 제본하고, 탱화나 진영을 그릴 때도 사용했다.

보라색), 화백(황색)
5월 홍가시나무(백색)
6월 섬잣나무(녹색, 황색), 아왜나무(백색), 태산목(유백색)
10월 금목서(황색), 은목서(백색), 호랑가시나무(백색)
11월 산다화(백색, 홍색)

2) 관목(灌木)

줄기가 밑에서 여러 개로 갈라져서 자라며, 교목보다 수고가 낮은 목본식물이다. 대개 나무 중에서 키가 2m이하이며 하단부를 우거지게 함으로써 정원 전체의 밸런스를 맞추어 주므로 균형 있는 정원 형태를 창출해 낼 수 있다. 관목을 활엽수 관목과 상록수 관목으로 나누고, 월별로 개화기를 나누어 화색과 같이 표기하였다.

(1) 활엽수 관목

2월 풍년화(담황색)
3월 개나리(황색), 미선나무(백색), 산수유(황색), 죽도화(황색)
4월 갯버들(백색), 괴불나무(백황색), 명자나무(백색, 담홍색, 홍색), 미선나무(담홍색), 박태기나무(자홍색), 병아리꽃나무(백색), 산수유나무(황색), 산철쭉(담자홍색), 삼지닥나무(황색), 수수꽃다리(백색, 자색), 앵두나무(백색), 옥매(담홍색), 자목련(농자색), 조팝나무(백색), 죽도화(황색), 진달래(담홍색), 철쭉(담홍색), 홍철쭉(주홍색), 황매화(황색), 황철쭉(황색)
5월 가막살나무(백색), 고광나무(백색), 단풍나무(적색), 덩굴장미(각색), 땅비싸리(담자홍색), 마가목(백색), 모란(백색, 담홍색, 홍색), 보리수나무(백색, 황색), 불두화(백색), 삼색병꽃나무(자홍색), 자금우(황색), 장미(각색), 쥐똥나무(백색), 해당화(홍색)
6월 개쉬땅나무(백색), 산수국(백색, 청색), 석류나무(주홍색), 수국(청자색), 참빗살나무(담녹색), 참조팝나무(백색)
7월 무궁화(백색, 분홍색 등), 싸리(홍자색), 작살나무(연자주색)
8월 부용(연홍색)
기타 장미(각색)

(2) 상록수 관목

3월 서향(백자색)
4월 기리시마철쭉(백색, 홍색, 담색), 만병초(백, 담홍색), 서향(백자색), 호랑가시남천촉(황색), 회양목(황색)
5월 다정큼나무(백색), 돈나무(백색), 백정화(백색), 오오무라사끼철쭉(자홍색)
6월 금사매(황색), 담쟁이덩굴(황록·연녹색), 물치자(유백색), 사즈끼철쭉(백색), 사철나무(녹색), 치자나무(유백색)
7월 겹치자(유백색), 유엽도(담홍색)
10월 차나무(백색)
11월 팔손이(백색)

3) 덩굴식물

목질의 줄기를 가지고 다른 식물을 감싸거나 달라붙어 자라는 속씨식물로 '만경식물'이라고도 한다. 덩굴을 만드는 방법에 따라 덩굴손을 만드는 종류, 줄기로 감싸며 자라는 종류, 다른 식물에 달라붙어 자라는 종류 등으로 구분한다. 덩굴식물 분류는 덩굴성 나무를 비롯하여 야생화를 포함한 초화류를 월별로 나누어 화색과 같이 표기하였다.
4월 부겐빌레아(백색), 으름덩굴(담자색)
5월 노박덩굴(황록색), 덩굴장미(각색), 등나무(백색, 자색, 담홍색), 마삭줄(노란·백색), 머루(황록색), 백화등(노란·백색), 스위트피(분홍·적·백색 등), 인동덩굴(백황색), 종덩굴(자주색), 줄사철(담녹색), 찔레나무(백색), 큰꽃으아리(노란·백색)
6월 담쟁이덩굴(황록색), 으아리(백색, 담홍색, 홍색, 자색), 재스민(노란·백색 등), 클레마티스(분홍·자주색 등), 포도(녹색)
7월 시계꽃(연록·백색)
8월 더덕(연녹색), 능소화(주홍색)
10월 송악(녹색)
기타 관상 호박(각색), 아이비(녹색)

야생화의 쓰임새와 월별 분류

야생화는 대체로 화려하지는 않으나 소박하고 정겨운 이미지를 갖고 있을 뿐만 아니라, 번식과 환경에 대한 적응성이 강해 기르기가 편리하다. 전원주택 조경은 자연풍경식을 따르는 것이 일반적이어서 부지의 자연 형태와 그곳에 배치한 조경 소재에 어울리게 야생화를 식재하여 조원하면, 질박하면서도 격조 있는 전원생활의 멋을 내 집 뜰에서 즐길 수 있다.

1. 야생화의 쓰임새에 따른 분류

1) 상록수 아래

(1) 자생지: 비교적 척박한 지역이므로 강건한 낙엽성 화종을 선택한다.
(2) 적용 화종
01 작은 면적의 소나무 군식 지역: 구절초, 벌개미취, 붓꽃, 섬초롱꽃, 용머리, 원추리 등
02 넓은 면적의 녹음이 짙은 군식 지역: 맥문동, 범부채, 비비추, 산거울, 일월비비추, 춘란 등

2) 낙엽 활엽수 아래

(1) 자생지: 늦가을부터 봄까지는 양지이지만, 초여름부터 가을까지는 녹음이 짙어 음지가 되므로 개화기에는 양지성, 개화 후엔 음지성의 화종을 선택한다.

정원의 수목과 초화류 Garden Trees and Flowering plants

기린초 여름~가을, 6~9월, 노란색
줄기가 기린 목처럼 쭉 뻗는 기린초는 아주 큰 식물이 아닐까 생각되지만 키는 고작 20~30㎝ 정도이다.

수크령 여름~가을, 8~9월, 자주색
화서는 원주형이고 길이는 15~25cm, 지름은 15mm로서 흑자색이며 관상 가치가 있다.

인동덩굴 여름, 6~7월, 흰색
인동(忍冬), 인동초(忍冬草)로 불리고 꽃은 처음에는 흰색이나 나중에는 노란색으로 변한다.

할미꽃 봄, 4~5월, 자주색
흰 털로 덮인 열매의 덩어리가 할머니의 하얀 머리카락같이 보여서 '할미꽃'이라는 이름이 붙었다.

으름덩굴 봄, 4~5월, 흰색
덩굴성 식물이며 잎은 손꼴겹잎으로 으름은 열매의 속살이 얼음처럼 보이는 데서 유래 되었다.

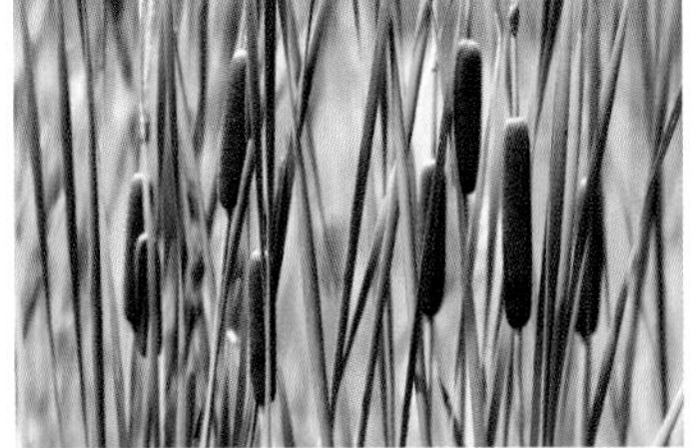

부들 여름, 6~7월, 노란색
잎이 부드럽고 부들부들하다는 뜻이 있고 뿌리만 진흙에 박고 잎과 꽃줄기는 물 밖으로 드러난다.

수련 여름~가을, 5~9월, 흰색 등
꽃은 3~4일간 정오경에 피었다가 저녁때 오그라들기 때문에 잠자는 꽃이라는 뜻으로 수련이다.

연꽃 여름, 7~8월, 분홍색·흰색
해가 저물면 오므라들었다가 아침마다 새롭게 활짝 피는 꽃을 보고, 신성한 존재를 떠올리기도 한다.

복수초 봄, 5월, 노란색
동양에서는 복(福)과 장수(長壽)를 뜻하는 노란색을 귀하게 여기는데, 복을 많이 받고 오래 살라는 뜻이 있다.

하늘매발톱 봄, 4~7월, 보라색·흰색 등
꽃이 하늘색이고 꽃잎 뒤쪽에 '꽃뿔'이라는 꿀주머니가 매의 발톱처럼 안으로 굽은 모양이어서 이름이 붙었다.

무늬둥굴레 봄~여름, 5~7월, 흰색
높이는 30~60cm로 꽃은 줄기 밑 부분의 셋째부터 여덟째 잎 사이의 겨드랑이에 한두 개가 핀다.

꽃창포 여름, 6~7월, 자주색
높이가 60~120cm로 줄기는 곧게 서고 줄기나 가지 끝에 붉은빛이 강한 자주색의 꽃이 핀다.

분홍달맞이꽃 여름, 6~7월, 분홍색
달맞이꽃과는 반대로 낮에는 꽃을 피우고 저녁에는 시드는 꽃이다. 낮달맞이꽃이라고도 한다.

꿀풀 여름, 7~8월, 자주색
줄기 끝에 원기둥 모양의 꽃이삭이 달리고, 입술 모양의 꽃을 뽑아서 빨면 꿀물이 나온다.

금꿩의다리 봄~여름, 7~8월, 자주색
노란색의 수술 때문에 '금꿩의다리'라고 한다. 관상용으로 심고, 어린 순과 줄기는 식용한다.

분홍바늘꽃 여름, 7~8월, 분홍색
뿌리줄기가 옆으로 벋으면서 퍼져 나가 무리 지어 자라고 줄기는 1.5m 높이로 곧게 선다.

옥잠화 여름~가을, 8~9월, 흰색
꽃은 총상 모양이고 화관은 깔때기처럼 끝이 퍼진다. 저녁에 꽃이 피고 다음 날 아침에 시든다.

층꽃나무 여름~가을, 7~9월, 보라색
무릎 높이의 아담한 키로 보라색 꽃들이 층을 이루며 풀처럼 생긴 나무라 '층꽃풀'이라고도 한다.

산국 가을, 9~10월, 노란색
높이 1m로 들국화의 한 종류로서 '개국화'라고도 한다. 흔히 재배하는 국화의 조상이다.

억새 가을, 9월, 자주색
뿌리줄기가 땅속에서 옆으로 퍼지며, 칼 모양의 잎은 가장자리에 날카로운 톱니가 있다.

(2) 적용 화종: 금낭화, 꽃무릇, 노루귀, 매미꽃, 맥문동류, 백양꽃, 복수초, 상사화, 수선화, 앵초, 은방울꽃, 천남성, 피나물 등

3) 도로변이나 담벼락 밑

(1) 자생지: 차량 통행이 잦아 분진·매연·바람에 강한 화종을 선택하여야 하며, 음지와 양지가 공존하는 지역이므로 화종을 신축성 있게 선택한다.

(2) 적용 화종

양지지역: 민들레, 벌개미취, 붓꽃, 섬기린초, 수크령, 왜성술패랭이, 용머리, 원추리 등

반음지·음지: 마삭줄, 맥문동, 범부채, 비비추, 석장포, 송악, 옥잠화 등

4) 절개지면

(1) 자생지: 건조지·적습지·습지가 공존하는 지역으로 위치별로 적용 화종을 선택하여야 하며, 자생식물 종자를 흩뿌려 자연스러운 경관을 연출할 수 있다.

(2) 적용 화종:

- **건조지:** 구절초류, 기린초, 수크령, 쑥부쟁이류, 왜성술패랭이, 용머리, 층꽃나무 등
- **적습지:** 범부채, 붓꽃, 비비추, 옥잠화, 원추리, 인동덩굴, 큰까치수염 등
- **습지:** 금불초, 꽃창포, 벌개미취, 부처꽃, 속새, 흰갈풀 등

5) 공간이 넓은 잔디밭

(1) 자생지: 양지식물로서 건조에 강하고 개화 기간이 길며 하고현상(夏枯現象)이 없이 오래도록 잎이 유지되는 화종을 선택한다.

(2) 적용 화종: 구절초, 쑥부쟁이, 왜성술패랭이, 용머리, 원추리, 할미꽃 등

6) 입면녹화

(1) 자생지: 담장, 철조망, 휀스 등의 입면에는 덩굴성식물로 덮어줄 수 있는 것을 선택한다.

(2) 적용 화종: 개머루, 계요등, 노박덩굴, 다래, 댕댕이덩굴, 등칡, 머루, 멀꿀, 사위질빵, 새머루, 오미자, 으름덩굴, 으아리, 인동덩굴, 칡, 하늘타리, 할미찔빵, 후추등 등

7) 기타 식재

(1) 화단조성 식재: 감국, 구절초, 금낭화, 꽃창포, 민들레, 벌개미취, 붓꽃, 용머리, 원추리, 장구채, 패랭이꽃 등

(2) 경관석 및 정원석 사이의 식재: 감국, 기린초, 돌단풍, 땅나리, 매발톱, 민들레, 비비추, 앵초, 층꽃나무, 하늘나리, 할미꽃 등

(3) 늪지대 및 연못의 식재: 개구리밥, 골풀, 꽃창포, 물달개비, 부들, 수련, 어리연꽃, 연꽃, 택사 등

2. 야생화의 월별 분류

3월 노루귀(백색), 복수초(노란색) 등

4월 각시붓꽃(보라색), 깽깽이풀(홍자색), 남산제비꽃(백색), 노랑무늬흰붓꽃(백색), 돌단풍(백색), 동의나물(노란색), 민들레(노란색), 뱀딸기(노란색), 삼지구엽초(황백색), 송엽국(분홍·자주색 등), 아주가(보라색), 양지꽃(노란색), 윤판나물(노란색), 피나물(노란색), 하늘매발톱(하늘색), 할미꽃(자주색) 등

5월 골무꽃(보라색), 금낭화(분홍색), 노랑꽃창포(노란색), 돌나물(노란색), 마삭줄(백색), 무늬둥굴레(백색), 물싸리(노란색), 미나리아재비(노란색), 바위취(백색), 붉은인동(붉은색), 붓꽃(자주색), 뻐꾹채(자주·붉은색), 산마늘(백·황색), 상록패랭이(분홍색), 수련(백색), 애기나리(백색), 은방울꽃(백색), 조개나물(자주색), 좀씀바귀(노란색), 큰꽃으아리(백색) 등

6월 기린초(노란색), 꽃창포(자주색), 꿩의다리(백색), 끈끈이대나물(분홍·백색), 매발톱꽃(보라·자주색 등), 맥문동(보라·자주색), 메꽃(홍색), 물레나물(노란색), 백리향(분홍색), 벌개미취(자주색), 벌노랑이(노란색), 부채붓꽃(보라색), 분홍달맞이꽃(분홍색), 붉은조팝나무(붉은색), 상사화(홍자색), 석창포(노란색), 섬말나리(노란색), 섬초롱꽃(자주색), 술패랭이(연홍색), 앵초(색), 약모밀(백색), 용머리(색), 우산나물(자갈색), 원추리(노란색), 제비동자꽃(색), 창포(황록색), 초롱꽃(자주·붉은·백색), 층층이꽃(색), 큰까치수염(백색), 패랭이꽃(붉은·백색), 하늘나리(주황색) 등

7월 곰취(노란색), 꿀풀(자주색), 금꿩의다리(보라·백색), 노루오줌(분홍·홍자색 등), 달맞이꽃(노란색), 동자꽃(색), 둥근잎꿩의비름(자홍색), 땅나리(붉은·노란색), 말나리(주홍색), 배초향(자주색), 범부채(주황색), 부처꽃(홍자색), 분홍바늘꽃(홍자색), 비비추(보라색), 사위찔방(백색), 섬기린초(노란색), 쑥부쟁이(자주색), 연꽃(분홍·백색), 장구채(백색), 참골무꽃(자주색), 참나리(주황색), 톱풀(백색), 해국(자주·백색) 등

8월 갈대(자주색), 두메부추(자주색), 마타리(노란색), 물매화(백색), 물봉선(자주·붉은색), 미역취(노란색), 바위채송화(노란색), 수크령(자주색), 옥잠화(백색), 용담(자주색), 층꽃나무(보라색), 큰꿩의비름(자주·붉은색) 등

9월 감국(노란색), 구절초(백색), 꽃무릇(붉은색), 꽃향유(분홍·자주색), 낙동구절초(백·분홍색), 둥굴레(백·녹색), 바위솔(백색), 백양꽃(적갈색), 산국(노란색), 좀향유(홍자색), 털머위(노란색) 등

10월 억새(황백색)

정원의 수목과 초화류 Garden Trees and Flowering plants

국화 봄~가을, 5~10월, 노란색·흰색 등
다년초로 줄기 밑 부분이 목질화하며 잎은 어긋나고 깃꼴로 갈라진다. 매·죽·난과 더불어 사군자의 하나다.

독일붓꽃 봄~여름, 5~6월, 보라색 등
유럽 원산의 여러해살이식물로 한국에 자생하는 붓꽃속 식물과 비교하면 꽃이 큰 편이다.

에키네시아 여름, 6~8월, 분홍색·흰색 등
북아메리카 원산으로 다년생이며, 꽃 모양이 원추형이고 꽃잎이 뒤집어져 아래로 쳐진다.

꼬리풀 여름, 7~8월, 보라색
다년초로 높이 40~80cm이고 줄기는 조금 갈라지며 위를 향한 굽은 털이 있고 곧게 선다.

보릿지 봄~가을, 5~9월, 분홍색·푸른색 등
오이 향이 나는 별 모양의 허브로써 꽃대가 올라오기 전에 40㎝정도 자란 잎을 식용으로 먹는다.

아스타 여름~가을, 7~10월, 푸른색 등
이름은 '별'을 의미하는 고대 그리스 단어에서 유래했다. 꽃차례 모양이 별을 연상시켜서 붙은 이름이다.

안젤로니아 봄~가을, 5~11월, 흰색·분홍색
추위에 약해서 한 해밖에 살질 않지만, 꽃이 오랜 시간 피어 있기 때문에 관상용으로 선호한다.

캄파눌라 봄~여름, 5~6월, 자주색 등
종 모양의 꽃이 조롱조롱 달려 덩굴성으로 자라는 모습이 마치 아름다운 꽃잔디를 연상시킨다.

우단동자꽃 여름, 6~7월, 붉은색·흰색 등
높이 30~70cm의 다년초로 전체에 흰 솜털이 빽빽이 나며 줄기는 곧게 서고 가지가 갈라진다.

접시꽃 여름, 6월, 붉은색 등
원줄기는 털이 있으며 초여름에 접시 모양의 커다란 꽃이 피고 열매도 둥글납작한 접시 모양이다.

추명국(대상화) 가을, 9~10월, 분홍색
수술과 암술은 많고 꽃밥은 황색이며 암술은 모여서 둥글게 되지만 열매로 성숙하지 않는다.

휴케라 여름, 6~8월, 붉은색 등
다채로운 색깔과 모양을 가진 잎과 안개꽃처럼 풍성하게 피는 꽃도 예뻐서 정원에 흔히 활용하고 있다.

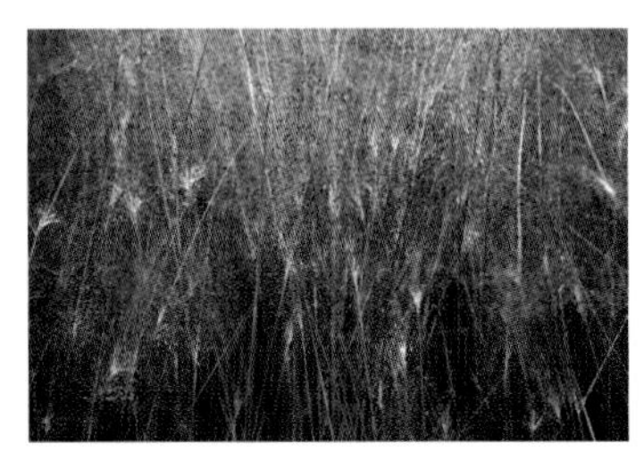

핑크뮬리 가을, 9~11월, 분홍색 등
분홍억새라고도 하는데 가을철 바람에 흩날리는 풍성한 분홍색 꽃이 아름답기로 유명하다.

디모르포테카 여름~가을, 6~9월, 보라색·흰색 등
남아프리카 원산으로 국화과 식물이고 꽃이 힘찬 느낌이 있어서 꽃말이 원기, 회복이라고 한다.

리빙스턴데이지 봄, 5~6월, 분홍색·흰색 등
남아프리카 원산의 한해살이풀로 선명한 원색 꽃이 아름다워 원예식물로 재배한다.

가자니아 여름~가을, 7~9월, 주황색 등
남아프리카 원산이며 주황색의 바탕에 황색의 복륜의 꽃잎을 가진 모양이 훈장을 연상시킨다.

루피너스 봄~여름, 5~6월, 붉은색·파란색 등
번식력이 강하여 주변의 식생과 경합을 벌여도 쉽게 이기는 삶의 강한 욕구가 엿보이는 꽃이다.

마거리트 여름~가을, 7~10월, 흰색 등
다년초로 높이는 1m 정도이고, 쑥갓과 비슷하지만, 목질이 있으므로 '나무쑥갓'이라고 부른다.

임파첸스(서양봉선화) 여름~가을, 6~11월, 분홍·빨강 등
일년초로 꽃의 크기는 4~5cm이고 줄기 끝에 분홍·빨강·흰색꽃 등이 6월부터 늦가을까지 핀다.

튤립 봄, 4~5월, 빨간·노란색 등
꽃은 1개씩 위를 향하여 빨간색·노란색 등 여러 빛깔로 피고 길이 7cm 정도이며 넓은 종 모양이다.

테마가 있는 화단의 식물과 초화류 분류

붉은색·주황색·노란색 계통의 따스하고 정열적인 화단, 푸른색·보라색·분홍색 계통의 로맨틱한 화단, 흰색 계통의 단아한 화단, 그늘 화단 등 개성 있는 테마 화단을 위한 식물과 화단용으로 많이 애용하고 있는 초화류·구근류를 월별로 분류하고 화색과 함께 표기하였다.

1. 테마에 어울리는 화단의 식물

1) 따스하고 정열적인 화단에 어울리는 식물

국화, 금계국, 금잔화, 기린초, 꽃양귀비, 낙상홍, 노랑달맞이, 노랑꽃창포, 노루오줌, 능소화, 니포피아, 단풍나무, 달리아, 대극, 레이디스맨틀, 독일붓꽃, 루드베키아, 매발톱꽃, 멀레인, 메리골드, 명자나무, 물레나물, 물싸리, 범부채, 베고니아, 사계원추리, 산수유, 숙근해바라기, 에메랄드골드, 에키네시아, 영산홍, 자엽자두, 제라늄, 참나리, 천인국, 칸나, 코레우스, 큰꿩의비름, 한련화, 해바라기, 헤우케라, 홑왕원추리, 황금조팝나무, 휴케라 등

2) 로맨틱한 화단에 어울리는 식물

구절초, 금낭화, 꼬리풀, 꽃담배, 꽃댕강나무, 꽃범의꼬리, 꽃사과, 꽃창포, 델피늄, 독일붓꽃, 디기탈리스, 라벤더, 리아트리스, 말로우, 매발톱꽃, 멀레인, 목단, 미스킴라일락, 배롱나무, 배초향, 베르가못, 보릿지, 부채붓꽃, 분홍달맞이, 붉은인동, 붓꽃, 블루벨, 비비추, 뻐꾹채, 산수국, 삼색조팝나무, 서부해당화, 수국, 숙근샐비어, 아가판서스, 아르메리아, 아스타, 아주가, 안젤로니아, 알리움, 에키네시아, 용담, 우단동자, 자산홍, 작약, 제라늄, 청화쑥부쟁이, 초롱꽃, 추명국, 층꽃나무, 캄파눌라, 큰꿩의비름, 클레마티스, 토레니아, 팬지, 페츄니아, 풍접초, 플록스, 하늘매발톱, 해당화, 향등골풀 등

3) 단아한 화단에 어울리는 식물

고광나무, 공조팝나무, 금낭화(백색), 꽃범의꼬리, 꽃양귀비, 델피늄, 돌단풍, 둥굴레, 디기탈리스, 때죽나무, 램스이어, 리아트리스, 목련, 백당나무, 백작약, 백철쭉, 병아리꽃나무, 불두화, 산딸나무, 샤스타데이지, 섬초롱꽃, 실유카, 안젤로니아, 애기말발도리, 에키네시아, 여름수국, 옥잠화, 우단동자, 이팝나무, 임파첸스, 자작나무, 작약, 접시꽃(백색), 제라늄(백색), 조팝나무, 쪽동백, 찔레꽃, 초롱꽃, 추명국, 톱풀, 풍접초, 플록스 등

4) 그늘 화단에 어울리는 식물

가지고비고사리, 개평풍, 고비, 곰취, 관중, 금낭화, 노루오줌, 동의나물, 디기탈리스, 레이디스맨틀, 만병초, 맥문동, 목수국, 무늬둥굴레, 무늬비비추, 바위취, 블루벨, 비비추, 산수국, 삼지구엽초, 수호초, 아이비, 아주가, 앵초, 얼레지, 옥잠화, 쥐손이풀, 쥐오줌풀, 천남성, 추명국, 털머위, 풍지초, 헬레보러스, 호스타, 휴케라 등

5) 화단에 어울리는 질감이 아름다운 식물

갈사초, 골드밴드그라스, 관중, 그린라이트, 노랑무늬사사, 노랑무늬억새, 노랑무늬키큰갈대, 램스이어, 모닝라이트, 무늬글리세리아, 무늬둥굴레, 무늬마삭줄, 무늬비비추, 무늬새그라스, 무늬플록스, 뻐꾹채, 세이지, 수크령, 아이비, 아티초크, 엔젤스피싱로드, 옥잠화, 유카, 칸나, 털머위, 털수염풀, 팜파스그라스, 풍지초, 피마자, 핑크뮬리, 호스타, 홍띠, 휴케라, 흑맥문동, 흰갈풀, 흰무늬억새 등

6) 잎이 아름다운 식물

골드밴드그라스, 관중, 꽃창포, 레몬그라스, 로즈마리, 머위, 무늬글리세리아, 무늬억새, 수크령, 실은쑥, 억새, 연꽃, 오죽, 유카, 질경이택사, 창포, 토란, 피마자, 홍띠 등

2. 초화류, 구근류의 월별 분류

1) 초화류

3월 데이지, 라넌큘러스(종자), 비올라, 팬지
4월 기생초(금계국), 꽃잔디, 달리아(종자), 디모르포테카, 리빙스턴데이지, 수레국화(센토레아), 시네라리아, 아네모네(종자), 알리섬, 페튜니아, 프리뮬러
5월 가자니아(훈장 국화), 루피너스, 마거리트, 모란, 물망초, 버베나, 빈카마이너, 석죽, 스위트윌리암, 양귀비, 오스테오스퍼멈, 작약, 주머니꽃, 코레옵시스(기생초), 크리산세멈(멀티골옐로), 한련화
6월 금어초, 금잔화, 꽃고추, 꽃담배, 꽃창포, 나팔꽃, 뉴기니아봉선화, 델피늄, 리아트리스, 봉선화, 샤스타데이지, 종꽃(캄파눌라), 천일홍, 클레오메(풍접초, 거미꽃)
7월 기생초(금계국), 도라지, 로벨리아, 백묘국, 백일홍, 봉선화, 색비름, 아마란서스, 일일초, 접시꽃, 제라늄, 채송화, 천인국(가일라르디아), 카네이션, 콜레우스, 플록스
8월 루드베키아, 맨드라미, 미모사(신경초), 바스라기꽃(헬리크리섬, 밀짚꽃), 부용(히비스커스), 샐비어, 아게라텀(풀솜꽃), 토레니아, 해바라기
9월 국화, 꽃베고니아, 메리골드, 빈카, 임파첸스(아프리카봉선화), 코스모스, 콜레우스
10월 과꽃, 포인세티아(목본)
11월~2월 꽃양배추(중부지방에서는 12월 하순까지 이용)

2) 구근류

3월 수선화, 스노우드롭, 크로커스, 튤립, 히아신스
4월 백합, 아가판서스, 아르메리아
5월 무스카리, 블루벨, 알리움
6월 상사화, 아마릴리스
7월 달리아(다알리아), 칸나
8월 글라디올러스, 프리틸라리아
9월 꽃무릇(석산)

CHAPTER

02

전원주택 조경 디테일

01

마당
Ground

◀ 오랜 시간 시행착오를 겪으면서 완성한 주정(主庭)으로 주변의 자연 환경을 최대한 살리고, 입체감 있는 화단과 텃밭, 어프로치와 출입로의 부드러운 곡선 디자인으로 시각적, 정서적으로 편안함을 준다.

마당
Ground

전원주택에서 마당은 심미적 경관 기능을 비롯하여 휴게 및 놀이 공간, 통로 및 공작 장소 등의 기능을 한다. 거주자의 취향이나 선택, 마당의 크기나 형태에 따라서 생산 및 운동을 위한 활동 공간이나 주차장으로 사용하기도 하고, 어느 특정 기능을 강화하거나 축소할 수도 있다. 마당의 형태는 원형 또는 정방형의 평지로 구성하는 것이 좋으며, 부정형의 고저 차가 있는 지형일 경우 이를 보완하는 설계로 마당의 경관과 기능을 향상시킬 수 있다. 전원주택지로 이미 조성된 대지가 아니라면 마당의 공지(空地)나 소지(掃地), 위치나 형태는 건축물의 배치와 형태에 따라 결정하고, 휴게시설, 수경시설, 수목식재 등 여러 가지 마당 구성요소와의 연계성을 고려하여 건축설계 단계에서 마당의 설계도 함께 이루어져야 한다.

경치 좋은 곳의 자연경관을 차경하여 자연과 더 넓게 교감하는 꽃피는 산골 주택의 안마당이다.

마당의 분류

마당 공간을 구성할 때는 건축 내부의 기능도 동시에 고려해야 한다. 마당을 위치나 기능에 따라 주정(主庭), 전정(前庭), 후정(後庭), 작업정(作業庭) 등으로 분류하고, 각 공간의 특성, 식재 계획, 구성요소 및 설계상 고려해야 할 점들에 대해 알아본다.

1. 주정(안뜰, Main yard)

주정(主庭)은 거실이나 응접실 전면에 위치해 정원의 중심이 되는 곳으로 전원주택의 주된 경관을 이루는 곳이다. 전원주택은 전경관과 지형경관을 차경하는 부지를 제외하고는 대부분 위요경관으로 구성된다. 가족의 휴식과 단란이 이루어지는 거실, 식당, 서재, 가족실 등이 직접적으로 연결되는 곳이기에 배후의 차경과 담장, 마당과 주변 시설물과 포장재의 질감까지 고려한 수종과 규격, 수형을 선정하여야 한다.

1) 식재 계획: 소나무, 반송, 배롱나무 등 조형미가 뛰어난 경관수나 경관석을 주로 사용하고 하부의 화관목과 초화류를 다층구조로 배치하여 화단의 식재 군락을 형성한다. 전체적인 식재 군락의 사계절 색채와 경관 변화를 고려한 선택이 가장 중요하다.

2) 시설물: 파고라, 정자, 데크, 벤치, 테이블, 바비큐장, 연못이나 벽천 등의 수경시설, 놀이 및 운동시설 등을 설치한다.

2. 전정(앞뜰, Front yard)

전정(前庭)은 대문에서 현관까지 이르는 주변에 마련한 정원이다. 바깥의 공적인 공간에서 주택이라는 사적인 공간으로 들어서는 전이 공간으로, 주택의 첫인상을 결정하므로 단순성이 강조되는 것이 바람직하고 랜드마크의 식별성이 있으면 좋다.

1) 식재 계획: 주목, 소나무, 가이즈까향나무, 동백나무, 왕벚나무, 느티나무, 목련, 단풍나무 등 교목을 선정하고 공간에 따라 하부식재를 한다. 수고가 4m이상이면 식별성은 높으나 위압감이 생기고, 4m이하이면 위압감이 완화되니 이를 고려하여 수고를 선정한다.

2) 시설물: 공간에 따라 조경 소품과 경관조명을 설치하기도 한다.

3. 후정(뒤뜰, Back yard)

후정은 주택을 감싼 조용하고 정숙한 분위기가 흐르는 공간으로 침실에서의 전망과 동선은 살리되 가능한 시각적, 기능적 차단으로 외부로부터 프라이버시가 최대한 보장되게 조성한다. 후정(後庭)은 부지가 넓은 경우에 건물의 후면부나 측면에 위치하지만, 부지가 좁은 경우에는 통로의 기능만을 갖게 된다. 후정은 주정의 보조적인 역할로 주거생활의 저장·공급·정서를 이루는 기능을 담당한다.

4. 작업정(부엌 마당, Service area)

작업정(作業庭)은 주방, 세탁실, 다용도실, 저장고와 연결되는 장독대, 건조장, 쓰레기 분리수거장, 채소밭, 공구 보관창고 등이 있는 곳으로, 시각적으로 어느 정도 차단하되 동선은 잘 연결해야 한다. 일상생활을 하는데 필요한 작업공간으로 보기에 흉하고 불결해지기 쉬워 대부분 건물의 후면 또는 측면에 자리 잡는 경우가 많음으로, 통풍과 채광, 배수가 잘되도록 신경 써야 한다.

후정과 작업정은 이용자들의 동선에 따라 시각적, 후각적 즐거움을 주는 화목류의 적절한 배치가 필요하다. 교목인 산수유, 매화나무, 꽃사과, 꽃복숭아, 팥배나무, 산딸나무, 산사나무, 모감주나무, 때죽나무, 쪽동백나무, 자귀나무, 배롱나무, 목백합, 오동나무, 태산목 등과 관목류인

01_ 주정(主庭) 주변 자연경관과 뜨락이 자연스럽게 조화를 이룬 정원은 물과 나무 그리고 새소리까지 들리는 작은 숲의 축소판이다.
02_ 후정(後庭) 대지 남쪽에 해당하는 한옥 후면부의 넓은 마당에는 다양한 수종의 수목과 석물을 배치해 아늑한 분위기에서 여유를 즐길 수 있는 후원이다.

01_ 주정에 조형소나무를 요점식재하고 주변의 넓은 공간을 균형감 있게 관목과 교목을 혼합식재한 지중해풍의 전원주택이다.

02_ 건축물에 필요한 최소의 대지를 제외한 나머지는 울타리 없는 정원으로 조성하고 개방하여 일조, 채광, 통풍 등의 편리를 도모하였다.

03_ 정원 한쪽에 연못을 들이고, 본채 데크와 연결해 목재블록을 깔고 테이블과 파라솔을 배치해 여유로움이 느껴지는 잔디마당이다.

옥매화, 황매화, 철쭉류, 진달래, 목수국, 불두화, 죽도화, 해당화, 함박꽃나무, 치자나무, 수수꽃다리, 무궁화, 금목서, 은목서, 돈나무, 호랑가시나무, 팔손이 등의 다양한 관상수를 선택한다. 또한 다양한 초화류 및 지피식물로 경관을 강화할 수 있다.

마당의 조성 방법

1. 잔디 포장

일반적으로 한국잔디가 가장 많이 쓰인다. 양잔디보다 생장 속도가 느리고 고온다습한 우리나라 기후에 적합하기 때문이다. 빠른 피복을 위해서는 롤잔디나 평떼, 줄떼를 이식하는 방법이 가장 많이 쓰이며, 시간적 여유가 있고 잔디를 직접 키워보고자 하는 사람은 파종과 관리를 통해 직접 잔디마당을 조성할 수 있다.

1) 답압에 의한 잔디 훼손이 우려되는 곳은 잔디보호제나 디딤돌 등, 별도의 포장재를 사용하여 훼손을 방지할 수 있다.

2) 잔디는 습지를 싫어하므로 마감 높이에서 30cm가량 파내고 다발관이나 유공관 등 맹암거를 묻어 지하 배수시설을 설치한다. 기존 토양의 성질이 불량할 경우 토양개량제를 써서 통기, 투수, 배수성을 높이거나 치환하고 평탄작업 후 잔디를 심는다.

3) 뗏장은 한국잔디가 생산되는 형태로 기본형 뗏장은 규격이 18×18㎝인데 1㎡에 30장의 뗏장이 소요된다.

4) 잔디 깔기에 알맞은 시기는 3월 중순에서 5월 중순 사이이다. 잔디 깎기는 잔디의 키가 4~5㎝가 되면 깎는데, 한국잔디는 보통 월 1~2회, 여름에는 월 2~4회가 적당하다.

2. 잔디 외 포장

잔디 깎기, 잡초제거 등 잔디 관리상 어려움을 피하고 싶은 공간이라면 다른 포장의 마당 조성을 권장한다. 마사토 포장, 경화마사토 포장, 석재 포장, 목재 포장, 합성목재 데크, 블록 포장, 전돌 포장 등 각종 포장을 기호와 특성에 맞게 선정하면 된다.

기타 참고사항

01 정원의 한정된 면적을 최대한 활용할 방안이라면 가운데 잔디밭을 조성하고 외곽선을 따라 나무를 심는 방식을 택한다.

02 정원의 식재 순서는 먼저 잔디밭을 조성한 후, 가장자리에는 일년초를 심어 계절감을 살리고, 그 뒤로 여러해살이풀, 그리고 수목을 배치하는 것이 일반적이다.

03 낮은 울타리로 주변의 산과 들의 경관을 끌어들여 마당이 훨씬 넓어 보이게 확장감을 주는 것도 좋다.

04 마당은 배수 설계를 철저히 해야 한다. 계절별 강수량을 참고하여 최고 강수량의 1.3배를 기준으로 설계하는 것이 좋다.

05 파티오를 조성한다면 요리, 휴식, 식사 장소에 부합하는 포장재와 플랜터, 소품 등을 설치하고, 관엽식물, 화훼, 분재, 실내조경용 소품, 조명, 음향시설 등을 설치한다. 특히 중정과 파티오는 야간 경관을 위해 경관조명을 설치하는 것이 좋으며 알맞은 소품을 배치하는 것도 좋다.

04_ 녹색의 잔디마당은 공을 가지고 뛰어노는 행복한 어린아이의 모습을 담는 놀이 공간이 되기도 한다.

05_ 대문 입구부터 현관까지 연결하는 어프로치에 설치한 목재 데크와 낮은 담장으로 시원스럽게 열린 잔디 포장 마당이다.

01_ 세라믹사이딩과 징크를 주요 외장재로 사용한 모던한 주택 양식에 맞추어 잔디마당 주변을 조경블록으로 깔끔하게 디자인한 주정이다.

02_ 산을 배경으로 차경을 고려한 조경설계, 정성스러운 손길로 다듬어진 넓은 정원이 자연 속으로 녹아들어 하나의 풍경을 이룬다.

03_ 경사지 정원의 가운데에 자연석을 배치하고 화사한 철쭉과 영산홍을 요점식재하여 녹색 잔디마당에 포인트를 주었다.

04_ 어린아이가 있는 집의 정원으로 아이들이 햇볕을 많이 받고, 뛰어놀 수 있도록 넓은 데크와 잔디마당을 조성하였다.
05_ 숲이 우거진 건물 우측에는 높은 교목을 심고 전면에는 넓은 시야를 확보하기 위해 낮은 관목과 화초류 위주로 심었다.
06_ 경사지에서 내려다본 정원과 시원스럽게 펼쳐진 농촌 풍경이 어우러진 전원주택의 목가적인 분위기의 마당이다.

01_ 유럽풍의 건물이 넓은 잔디마당과 어우러지고 사계절 내내 계곡의 물소리를 들을 수 있는 그림 같은 정원이다.
02_ 앞산이 정원의 시야에 가득하고, 아래로는 마을이 내려다보이는 자연환경으로 계절적인 변화를 마주할 수 있는 전망 좋은 정원이다.
03_ 동선을 따라 디딤돌을 놓고 밋밋할 수 있는 잔디마당에 자연석과 관목류로 시각적인 변화를 주었다.
04_ 낮은 담으로 시야를 넓게 확보한 정원은 호수가 펼쳐진 전원으로 확장되어 하나 된 자연풍경을 이룬다.

05_ 드넓은 잔디마당에 한옥정자와 조형소나무, 다양한 석조물과 조각 작품들의 첨경물로 장식한 갤러리 같은 분위기의 정원이다.
06_ 잔디마당 주변을 따라 띠를 두른 듯한 자유로운 곡선으로 율동감 있게 동선을 디자인하고 굵은 마사토로 포장하였다.
07_ 아름다운 음악의 선율이 흐르는 정원은 잠시 머무는 방문객에게도 더없이 편안하고 아름다운 정신적 힐링공간이다.

01_ 차경(借景)을 위한 정원 설계개념에 따라 주정원은 넓은 시야 확보를 위해 절제된 수종의 나지막한 관목류가 주류를 이룬다.

02_ 잔디 포장의 넓은 앞마당, 겹처마 팔작지붕 한옥에 단아한 조경으로 건축에서부터 조경까지 전체적인 조화를 위해 구조재, 조경재 하나하나의 선택에도 신중을 기하였다.

03_ 전통한옥의 주정, 화단의 위치는 바람이 잘 통하고 그늘이 지지 않는 남향 또는 동남향으로 자리 잡고 토석담 가장자리에 소나무, 반송, 주목, 공작단풍을 요점식재 하였다.

04_ 안채 처마선을 따라 데크를 깔고, 안마당은 대리석과 점토벽돌로 포장하여 실용성과 기능성을 살렸다.
05_ ㄷ자형의 안채와 ㅡ자형의 사랑채가 일부분 겹쳐 적절한 시야와 바람길을 형성한 마당의 박석포장이 질박한 토속적인 분위기를 더해준다.
06_ 후정은 넓게 잔디마당으로 조성하여 야외무대나 전통놀이 공간으로 활용한다.

01_ H자형 한옥의 동쪽 한 필지에 넓은 마당 주변으로 정원을 조성해 여백미가 느껴진다.
02_ 많은 종류의 나무와 화초를 밀식하기보다는 여백을 둔 간결한 분위기 연출로 한옥과 조화를 꾀한 주정이다.
03_ 새로운 모습으로 재탄생한 현대한옥의 건축과 정원이 조화를 이룬 평화로운 한옥 마당 전경이다.
04_ 옛집의 아늑한 뒤뜰에는 기증받거나 수습해 온 약연, 물확 등 다양한 점경물들이 배치되어 있어 볼거리가 많다.

05_ 굵은 마사토 포장 마당에 디딤돌을 놓아 동선을 이었다.

06_ 잘 정돈된 분위기로 창의성과 예술적인 조경 감각을 발휘하여 연출한 현대한옥 마사토 마당의 주정이다.

07_ 2층에서 내려다본 모습으로 한옥으로 둘러싸인 좁은 안마당이지만, 구성진 짜임새를 보인다.

02

화단

Flower bed

◀ 화단 경계에 현무암 판석 디딤돌을 놓아 가까이서 꽃을 감상할 수 있도록 리드미컬하게 디자인한 아름다운 화단이다.

화단
Flower bed

화단은 정원에 꽃이나 나무를 심기 위해 흙을 돋우어 만든 터다. 일년생초화, 숙근초화, 구근초화, 그 밖의 장식초화나 화목류 등을 조화롭게 심고, 식물재료 이외에 조각상·분수·벽천(壁泉)·아치·정자 및 각종 조경등(造景燈) 등 강조재료로 화단에 아름다운 효과를 더하기도 한다. 교목과 관목, 다년생 초화류 및 지피식물로 고정성 경관을 조성한 후, 일년생 초화를 해마다 갈아 심으면 꽃과 낙엽, 눈꽃과 상록 등 사계절 다채로운 화단의 모습을 더욱더 효과적으로 감상할 수 있다. 공간이 여유롭다면 화단을 여러 곳에 조성하여 계절 꽃을 심으면 장소를 둘러보며 봄부터 가을까지 연속적으로 꽃을 볼 수 있어 감상의 즐거움을 더할 수 있다. 화초는 양지바르고 배수가 양호해야 생육이 좋다. 장소와 일조 조건에 따라 환경에 잘 적응하는 식물을 선택하고, 화단 부지의 위치나 형태, 고저 차도 고려해야 한다. 화단은 전원주택 조경의 이미지를 형성하는 가장 핵심 부분인 만큼 처음 건축설계 시와 완성 시점에 현장을 면밀히 관찰하고 검토한 후에 식재나 화단의 형태 등을 구체적으로 구상하고 결정하는 것이 바람직하다.

낮은 담장을 배경으로 소나무와 관목을 적절하게 혼합 식재하여 층을 이루고, 앞쪽으로 키 작은 숙근초를 심어 아름답게 연출한 경재(境栽)화단이다.

화단의 종류

화단의 종류는 모양이나 꾸미는 방식, 식물재료 등 그 양식에 따라 매우 다양하다. 어떤 종류의 화단이든 각자 주어진 여러 가지 조경 환경과 구상하고자 하는 의도와 방향, 취향에 잘 맞도록 꾸미는 것이 바람직하다. 전원주택 조경에 참고할 만한 몇몇 화단의 종류에 대해서 알아본다.

1. 기식(寄植)화단: 모둠화단이라고도 한다. 원형 화단 중앙부에 칸나·달리아 등의 키가 크고 생육이 왕성한 꽃을 심고, 가장자리로 갈수록 키가 작고 쉽게 갈아 심을 수 있는 꽃을 심어 사방에서 관상할 수 있도록 만든 화단으로, 중심부에 조각·괴석 등을 놓기도 한다.
2. 포석화단: 정원, 잔디밭의 통로, 분수, 연못, 조각물 주위에 평평한 돌을 깔고 그 주변에 키가 작은 숙근초를 주로 심어 만든 화단이다.
3. 경재(境栽)화단: 진입로·담장·벽·건물 등을 배경으로, 뒤에는 키가 큰 종류를, 앞에는 키가 작은 아게라툼·채송화·메리골드 등을 심어 앞에서 관상할 수 있도록 만든 화단으로 색채에 따라 조화롭게 군식(群植)한다.
4. 노단(露壇)화단: 경사지에 노단을 만들거나 장대석이나 돌로 계단을 쌓아 그사이에 초화류를 심어 꾸미는 화단이다. 한국 전통조경의 화계와 같은 형태이다.
5. 수재(水栽)화단: 수생화단이라고도 하며, 물탱크나 연못을 만들어 수초를 심고 분수·조각상 등을 설치한 화단이다.
6. 암석화단(rock garden): 흔히 암석원이라고 하며 암석을 자연스럽게 쌓아 배치하거나, 정원부지 내 암석이나 돌이 많을 때 이것을 그대로 이용하여, 암석 사이사이의 흙에 화목류·회양목·고산식물·선인장·다육식물 등을 심은 화단이다.
7. 석벽화단: 경사지에 자연석을 수직으로 쌓고 자연석 사이사이에 관목류, 반덩굴성 식물, 숙근초 등을 심는다. 좁은 면적을 수직으로 넓게 이용하고 축대 전체를 아름답게 관상하는 이점이 있으나 비용이 많이 든다.
8. 숙근초 화단(宿根草花壇): 숙근초는 초봄에 생동감을 주고, 한번 심어 놓으면 스스로 자라 해마다 꽃을 볼 수 있다는 데 매력이 있는 화단이다.

화단의 구성

화단을 어떻게 구성할 것인지 미리 계획을 세워 화단의 모양이나 크기, 위치, 식재할 화초류 등을 자신이 원하는대로 꼼꼼하게 스케치 해보는 것이 중요하다. 처음부터 너무 복잡한 구성보다는 단조로운 형태로 공간의 여백을 두고 시작해야 나중에 화단의 형태를 변경할 때나, 화초를 옮겨 심거나 추가할 때 작업을 좀 더 수월하게 할 수 있다.

1. 모양과 크기

정원은 장소와 모양에 따라 여러 가지 형태를 취할 수 있으나, 가능한 한 복잡함을 피하고 단조롭게 만들어 정원의 분위기를 살려야 한다. 화단은 정원을 꾸미는 데 있어서 액세서리 역할을 하므로 전체적인 조화를 이루는 데 도움이 될 수 있도록 구성한다. 따라서 간단한 원형, 타원형, 삼각형, 정방형, 장방형 등이 어울린다. 정원 내에 꾸미는 화단은 될 수 있는 대로 적고 아담하게 만들어 손질하기 쉽게 조성하는 것이 바람직하며, 정원 조성의 여유나 손질 능력에 맞추어 알맞은 크기의 화단을 조성해야 한다.

2. 화초 선택

여러 종류의 화초를 밀식하는 것보다는 될 수 있는 대로 단순한 느낌이 드는 것이 효과적이다. 화단에 욕심을 부려 너무 많은 양의 화초를 심어

01_ 꽃의 특성을 이해하고 화단의 전체적인 색채의 균형과 조화를 고려하여 심는다면 연중 그림 같은 아름다운 정원을 볼 수 있다.
02_ 자연미, 경관성, 시공성, 경제성, 친환경성을 두루 갖춘 조경블록은 디자인이 자유롭고, 낮은 조경용 벽체 시스템과 옹벽까지 시공할 수 있다.

01_ 시원하게 조성한 잔디밭과 잘 다듬어 놓은 나무들, 자연석으로 포인트를 주어 자연미를 더한 자유로운 형태의 화단이다.

02_ 집으로 오르는 데크 계단 옆으로 데크의 높이에 맞춘 둔덕형 화단을 만들고 키 작은 야생화와 숙근초류를 심어 연출한 화단이다.

03_ 석축을 쌓아 조망감을 높인 주택 정원, 집으로 오르는 계단 좌·우측 경사지에 층을 이루어 형형색색의 국화류를 심어 연출한 노단화단이다.

밀식되지 않도록 각별히 주의해야 한다. 같은 종류의 화초만 심는 것보다는 연속적으로 꽃을 볼 수 있는 종류를 골라 계절에 따라 아름다움을 즐길 수 있는 화초를 선택하는 것이 좋다. 또한, 같은 화초라 하더라도 실제로 화초를 식재하다 보면 구상에서 벗어나 엉뚱한 모양이 되어 버리거나 오히려 반대의 모양이 되는 경우도 있으므로, 되도록 작은 것은 피하고 큰 것을 선택하여 식재하는 것이 성공 확률이 높다.

3. 위치 설정

화단 손질을 할 수 있는 가정이라면 테라스 옆이나 현관 앞, 대문에서 현관까지 통로 등 건물 가까운 곳에 사계절 아름다운 모양의 화단을 만들어 가꾸는 것이 효과적이다. 한편 손질이 충분히 미치지 못하는 형편이라면 울타리 밑이라든가 나무숲 사이, 앞 등, 집에서 먼 곳에 숙근초 화단을 만드는 것이 적절하다.

화단 조성의 순서

공간구성의 계획이 서 있으면 각 공간에 맞는 크기와 형태의 화단을 설계한다.

1. 경계재 설치: 화단이 평지일 경우 경계나 경계재가 없이 조성하기도 하고 원목이나 다양한 형태의 석재, 블록, 밧줄 등으로 정형, 부정형 모양으로 다양하게 설치하는데, 전원주택과 공간의 디자인 개념에 부합되게 선정하여야 한다. 대체로 밧줄이나 동아줄, 각석, 원목 박기, 블록 박기, 자연석 쌓기, 각종 석재, 목재 플랜터 등을 설치한다.

2. 토양 채움: 화단의 주요 포인트인 식생에 가장 중요한 것이 토양이므로 배수가 원활하고 통기성이 좋은 사질양토를 계획고를 고려해 충분히 채운다. 화단 하부에 지하주차장 설치 등의 이유로 인공지반이 있어 하중의 문제가 있는 경우 경량토를 사질양토와 적정비율(50:50~90:10)로 혼합하여 채운다. 충분한 시비, 소독 및 관수로 등 향후 식재할 식생의 환경을 준비해둔다.

3. 수목 식재: 수목의 식재는 대교목-중교목-소교목-중관목-소관목-초화-지피류-잔디(멀칭재) 순으로 하며, 보이는 주요 지점에서 상기 순으로 점차 앞으로 나오면서 식재한다. 가능하면 식재는 봄(3월~4월)에 실시하고 충분한 관수와 시비, 지주목을 설치하여 하자발생을 줄여야 한다. 외부반입 수목은 병충해 소독 후 식재하는 것이 좋다.

4. 소품 및 조명 설치: 소품과 조명은 배후 식생의 수종과 경관에 어울리는 것으로 선정하여 적절한 위치에 설치하고, 수경시설이나 조명은 식재 전에 급배수설비와 배선을 하여 식생의 재식재가 되지 않도록 한다. 조명은 경관목을 아래에서 위로 비추는 투사등과 화관목과 공간을 밝혀주는 정원등, 잔디를 비추는 잔디등을 주로 사용한다.

기타 참고사항

01 건축물의 동쪽 화단은 매화나무, 꽃사과, 살구나무, 자두나무 등 여름에 열매 맺는 유실수를, 서쪽 화단은 감나무, 모과나무, 대추나무, 석류나무, 남천, 화살나무, 마가목 등 가을에 열매 맺는 유실수를 심어 계절감을 부여하면 더욱 풍성한 정원 분위기를 조성할 수 있다.

02 배수가 좋지 않은 화단은 꽃창포, 제비붓꽃 등 습지에서 잘 자라는 종류를 기르고 그늘진 정원이라면 새우난초, 옥잠화, 자란, 호접화 등 음지에서도 잘 자라는 종류를 기르면 좋다.

04_ 용트림하듯 자란 와룡형 소나무와 고태미가 묻어나는 이끼 낀 바위, 돌단풍이 한데 어우러진 현관 계단 옆의 미니화단이다.

05_ 흙을 나지막하게 마운딩하여 소나무를 요점식재하고 영산홍과 회양목을 밀식하여 자연석과 조각상, 벤치 등을 놓아 꾸민 원형화단이다.

01_ 잔디관리는 물론, 손수 뿌리고, 심고, 자르고, 다듬어 가꾼 화단으로 구석구석 주인의 손이 닿지 않은 것이 없다.
02_ 경계선을 따라 조경블록으로 낮은 화단을 만들고 관목과 향나무를 심어 차폐했다.
03_ 경사 진입로 옆의 대리석 화단, 소사나무를 중심으로 한 원형 조경블록 화단, 텃밭의 경계를 두른 블록이 용도에 맞게 격을 달리한다.

04_ 잔디마당 한쪽에 자연석을 얼기설기 쌓아 암석원 같은 화단을 조성했다. 화단 옆으로 디딤돌을 2열로 가지런히 놓아 정돈된 분위기다.

05_ 건물 전면에 데크를 설치하고 그 앞에 조경블록으로 곡선형의 화단을 낮게 만들어 휴식공간을 꾸몄다.

06_ 편안하면서도 모던한 분위기의 디자인으로 직선과 곡선을 적절히 조합해 구성한 화단이다.

01_ 자연석, 기왓장, 통나무를 경계재로 이용하고 철쭉, 진달래, 비비추, 금낭화, 조팝나무 등으로 자연스럽게 연출한 화단이다.
02_ 일정한 간격을 두고 심은 소나무를 포인트로 조성한 화단에 각종 꽃이 화사하게 피어 정원 풍경의 절정을 이룬다.
03_ 사고석으로 경계를 두른 화단에 그늘이 좋은 느티나무와 벚나무를 요점식재하고, 다양한 숙근초로 하부 공간을 꾸몄다.
04_ 앞마당의 진입로는 최소화하고 나머지 공간을 모두 화단으로 구획하여, 늘 다양한 꽃과 나무들로 풍성함을 자랑하는 정원이다.

05_ 주택 전면에 펼쳐진 화단에 항아리를 응용한 조경등을 배치하여 조명과 장식 일거양득의 효과를 거두었다.
06_ 주변에 흩어져 있는 자연 소재와 항아리를 활용해 수수하게 꾸며 더욱 정감이 느껴지는 화단이다.
07_ 낮은 눈향나무와 관목, 자생식물들이 항아리, 기와 등 전통요소와 어우러진 현관 출입구 옆의 화단이다.

01_ 조경블록으로 조성한 화단에 현무암을 쌓아 둔덕을 만들고 송엽국과 각종 야생화를 심어 풍성하다.
02_ 판석으로 마감한 넓은 계단 옆으로 부드러운 곡선의 강돌을 차곡차곡 쌓아 개성있게 연출한 화단이다.
03_ 돌의 윤곽과 모양을 살려 가공한 조경석을 일정한 파도 모양으로 쌓아 완성도 높게 연출한 특색있고 아름다운 화단이다.

04_ 프로방스풍 주택의 대문 좌·우측에 조경블록으로 화단을 만들고 여러해살이 화초를 심어 숙근초 화단을 꾸몄다.
05_ 조경블록으로 조성한 낮은 화단에 다양한 상록수와 낙엽수를 심어 계절감을 느낄 수 있도록 연출한 정원 모퉁이의 화단이다.
06_ 대지의 한쪽 모퉁이에 조경블럭으로 경계의 높낮이에 변화를 주어 연출한 미니화단이다.

01_ 오랜 세월 건축물과 자연의 조화를 한층 더 살려주는 미려한 온양석으로 계단과 화단을 만들었다. 화단에 심은 분재형 오엽송과 조경석이 화단에 밝은 분위기를 더한다.

02_ 납작하고 긴 돌과 네모진 돌을 적절히 섞어 모양의 변화를 주는 산석켜쌓기로 화단을 만들고 야생화를 흩뿌려 자연스럽게 연출했다.

03_ 석재블록을 이용한 바닥재, 조경블록을 이용한 텃밭과 화단, 검은 자갈을 이용한 멀칭 등 디테일에서 건축주의 섬세한 감각이 느껴진다.

04_ 옥상에 굵은 마사토를 깔고 자연석을 연결하여 자연스럽게 화단을 만들고 키가 작은 식물로 경관을 살렸다.

05

06

05_ 모양화단에 포인트 되는 식물과 부드러운 질감의 갈사초를 식재해 정형화된 틀에서 벗어나 자연스러운 아름다움을 추구한 내추럴가든이다.
06_ 주변에 널려있는 자연석을 모아 가지런히 쌓고 꽃잔디와 페튜니아를 심어 자연스럽고 친근감 있게 꾸민 화단이다.
07_ 컬러풀한 휴게소 건물과 회색 톤의 바닥과 화단, 붉은 담장 등 색감에 변화를 준 디자인으로 개성있게 연출한 정원이다.

07

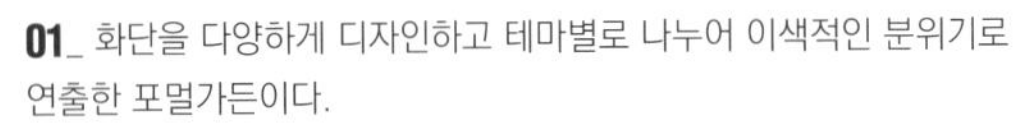

01_ 화단을 다양하게 디자인하고 테마별로 나누어 이색적인 분위기로 연출한 포멀가든이다.

02_ 다양한 화초들로 가득한 화단은 보는 이들의 눈을 호사시킨다.

03_ 낮은 경사 진입로의 지형을 그대로 살려 조경석을 쌓아 만든 화단에는 갖가지 나무와 꽃들이 가득하다.

04_ 양쪽 소나무 주변을 연결하여 마운딩 처리하고 꽃잔디를 넓게 식재하여 화사하게 꾸민 카페 전면의 단식화단이다.

05_ 카페 앞에 화단을 만들어 인지도를 높이고 외부의 직접적인 시선을 차폐하는 동시에 안에서 보는 즐거움은 배가시켰다.

06_ 토석담을 배경으로 화단에 세운 와편굴뚝은 온돌의 연도 기능과 향토적인 분위기를 더해주는 점경물로 일거양득의 효과를 주는 조경 요소이다.

05

07_ 직선뿐만 아니라 곡선까지 다양한 형태로 시공이 가능한 뛰어난 기능을 가진 조경블록으로 만든 말끔하게 정돈된 현대적 분위기의 화단이다.
08_ 장대석으로 경계를 구분한 화단에는 향나무, 노랑해당화, 모란, 수국, 조릿대, 옥잠화 등 우리 주변에서 흔히 볼 수 있는 식물들로 구성하여 친근감이 있다.

06

07

08

01_ 경사 지형에 따라 한식 담장과 수목으로 변화를 주어 짜임새 있게 구성한 배경과 화단의 조화로운 연출이다.

02_ ㄷ자형 한옥의 마사토 마당과 통일감 있게 마사토로 멀칭한 둔덕형 화단을 조성하고, 여백미를 살려 몇몇 종류의 나무와 화초로 현대한옥의 말끔한 분위기와 조화를 이루어 연출한 절제된 느낌의 간결한 화단이다.

03_ 도시에 지어진 한옥 앞마당에 소나무와 굴뚝, 탑이 조화를 이룬 화단이다.

04_ 계절 따라 다양한 꽃을 감상할 수 있도록 바위 주변으로 키 작은 화목류와 초화류를 적절히 심어 색다른 분위기를 연출했다.

05_ 꾸민 듯, 꾸미지 않은 한옥 마당 화단에 홍매화, 동백나무, 박태기나무, 수선화 등이 한옥과 자연스럽게 어우러진 풍경이다.

06_ 토석담장을 배경으로 경사지에 자연석을 쌓아 자연스럽게 조성한 계단 형태의 화단이다.

07_ 건축주의 취향에 따라 소나무 아래에 암키와를 켜서 손수 디자인한 화단을 만들고 잔디패랭이로 멀칭한 한옥 정원의 디테일이다.
08_ 견치 돌의 면을 살려 지형에 순응한 화단의 외곽선을 만들고 위엄과 품위를 갖춘 목단을 심어 시선이 머무는 화단을 꾸몄다.
09_ 깔끔한 흰색 꽃담과 초록색 화단, 강렬한 붉은 공작단풍이 서로 어우러진 화단이 한옥 정원의 분위기를 이끈다.

03

포장, 디딤돌

Pavement, Stepping stone

◀ 시원스럽게 열린 주정원의 동선에 내구성과 돌 표면의 도드라진 천공으로 고급스러운 색감과 질감이 특성인 현무암 디딤석을 놓았다.

포장, 디딤돌

Pavement, Stepping stone

포장이나 디딤돌은 보행자 동선의 바닥 면을 고르게 마감하여 통로의 내구성을 높이고, 보행자의 안전과 편의성을 높이기 위해 설치한다. 정원의 기능과 미적 효과를 위해 지표면을 콘크리트, 고압블록, 점토벽돌, 자연석 판석, 화강석 등의 다양한 소재로 포장하기도 한다. 전원주택의 포장은 그 재료의 질감과 색감이 주는 미적 효과, 디자인적 효과로 인해 중요도가 더욱 높아지고 있다.

화강석 판석과 호피석으로 마감한 차도와 보도를 겸한 진입로, 양옆의 노단화단과 조화를 이룬 감각적인 디자인은 하나의 석재 작품을 보는 듯하다.

포장의 종류와 구조

포장은 석재포장, 블록포장, 콘크리트포장, 흙포장, 목재포장 등 종류에 따라 하부구조가 달라진다.

1. 석재포장

석재포장은 뛰어난 내구성과 고급스러우면서 우아한 자연스러운 색의 질감으로 가장 많이 사용하는 포장으로 석재의 종류와 모양, 크기에 따라 다양한 연출이 가능하다. 석재종류는 화강석이 가장 많이 사용되며, 국내석은 색깔과 무늬에 따라 포천석, 마천석, 고흥석, 문경석, 거창석 등이 있으며, 중국석 등 다양한 석재들을 사용하고 있다. 돌의 표면에 천공이 도드라진 현무암도 그 특유의 색과 질감으로 인해 선호하고 있다.
판석포장은 원지반 평탄다짐 후 잡석 다짐, PP필름 깔기, 와이어메쉬 깔기, 콘크리트 기초 타설, 양생 후 붙임몰탈로 T30~T50의 판석을 붙이는 구조이다. 판석의 종류, 두께와 크기, 가공 방법을 다르게 디자인하면 다양한 느낌의 연출이 가능하다.
1) 석재의 형태와 크기에 따른 분류: 정형·부정형 판석, 사고석, 통석, 원형통석, 장대석 등이 있다.
2) 석재의 면 가공 방법: 혹두기, 도두락다듬, 정다듬, 잔다듬, 버너 마감, 물갈기 등이 있다.

2. 블록포장

블록포장은 석재포장에 비해 따뜻하고 온화한 느낌을 주고 하자보수가 용이하여 오랫동안 가장 많이 사용되어온 소재로 흙을 구워서 만든 점토벽돌, 전벽돌, 와벽돌과 콘크리트로 만든 인조화강블록, 소형고압블록, 석재를 블록 모양으로 가공하여 만든 석재블록, 목재로 가공한 목재블록 등이 주로 사용된다. 블록도 모양과 크기가 다양하여 개성 있는 연출이 가능하고 시공성이 편리하여 선호도가 높은 소재이다. 구조는 원지반 다짐 후 잡석 다짐, 부직포 설치, 모래 깔기, 블록 설치, 블록 사이에 모래 포설로 되어 있다.

3. 콘크리트포장

석재나 벽돌 등에 비해 저렴하고 자유로운 형태의 포장이 쉬운 콘크리트 포장은 콘크리트 모르타르를 타설하거나 콘크리트 슬래브를 이용하는 방법이 있다. 콘크리트 모르타르 타설은 내구성이 높고, 넓은 면을 신속하게 포장할 수 있으며, 관리가 필요치 않고 콘크리트 슬래브를 타설하는 것보다 약간 비싸지만, 시공이 편리하고 깨끗한 느낌이 든다.

4. 흙포장

과거에 흙포장은 원지반의 양질토양을 그대로 사용하여 견밀한 다짐 후 사용하였으나 침하, 탈락, 파임 등 하자가 빈번하여 최근에는 토양에 석고나 시멘트, 기타 화학물질 등의 첨가물을 섞어서 포장과 표면을 경화시키는 기술이 발달하여 다시 활성화하고 있는 포장이다.
구조는 원지반 다짐 후 입도가 균일한 양질의 토양에 첨가물과 염료를 세밀히 혼합하여 포설 후 견밀히 다짐한 후 양생한다. 기술의 발달에도 흙포장은 적정 수분을 유지하고 있기 때문에 동절기 균열의 단점이 있어 이를 보완한 흙콘크리트포장이 개발되어 있다.

5. 목재포장

주변에서 가장 구하기 쉬운 소재이며, 친환경적인 연출과 가공이 용이하여 가장 오랫동안 사용되어온 소재이다. 공간의 평활성과 목재가 주는 심리적 안정감이 장점으로 원주목 박기, 침목 놓기, 목재블록 포장, 디딤목 놓기, 데크 등 여러 가지 형태로 가공이 쉬워 다양한 모양과 형태로 시공이 가능하다. 또한 목재는 소재의 특성상 대부분 방부는 필수이며, 표

01_ 형형색색 각종 초화류와 발밑의 낮은 야생화 보호를 위해 빗살무늬 원형 맷돌을 높여 디딤석을 놓았다.
02_ 데크에서 입구까지 길게 이어지는 현무암 정형 디딤석을 두 줄로 깔았다. 디자인적인 요소를 고려하여 곡선으로 처리한 시각적인 편안함이 있다.

01_ 현대적 분위기의 주택에 걸맞게 정형 화강석 판석과 시멘트 포장으로 깔끔하게 마감한 대문 입구이다.

02_ 왕래가 잦은 현관 앞 입구에 내구성이 좋은 조경블록 바닥재로 견고하게 마감해 현대적 분위기의 정돈된 이미지를 연출했다.

03_ 실제 고재나 조형한 맷돌은 화강석보다 강도는 약하지만, 고재의 운치가 느껴져 한옥이나 전원주택 정원의 디딤돌로 많이 이용한다.

면 방부에 사용되는 오일스테인의 색깔에 따라 색상 선택의 폭이 넓다.

6. 자갈 깔기, 모래 깔기

자갈 깔기에 사용되는 자갈은 강자갈, 해미석, 콩자갈, 파쇄석 등이 있고 모래는 왕사, 백사, 규사 등을 원지반 다짐 후에 포설하고 다짐한다. 이 포장은 유동성으로 인하여 답압이 발생하지 않는 공간의 포장에 주로 사용한다. 유동성을 줄이고 자갈, 모래의 질감을 취하고자 할 경우 콘크리트 기초 위에 얇은 자갈수지막을 형성하는 콩자갈수지포장을 사용한다.

7. 인조잔디포장

원지반에 기초콘크리트를 타설한 후 접착본드를 이용하여 인조잔디를 부착하는 공법으로 천연잔디의 상록효과와 심리적 안정성을 취하고 잔디의 고사 등 하자를 배제한 포장 방법이다.

8. 잔디블록포장

콘크리트 블록이나 플라스틱 답판의 사이사이에 잔디를 심어 상록잔디의 장점을 취하며, 답압에 의한 잔디 고사의 하자를 줄이는 포장 방법이다.

9. 강화유리포장

경관용 포장으로 사용되는 소재이며, 내부에 조명과 함께 설치하면 아름답고 다양한 연출이 가능하고, 야간경관을 화려하게 할 수 있다. STS앵글 구조체 위에 강화유리판을 설치하는 것으로 하부에 수경시설이나 수조, 조명, 다양한 색상과 질감의 모래나 자갈을 함께 설치하기도 한다.

그 외에도 고무칩포장, 고무매트포장, 우레탄포장, 아스팔트포장 등 공간의 용도에 따라 다양하게 선택할 수 있다.

포장과 녹지, 포장과 포장 사이의 재료를 분리하는 경계재는 디자인 연출의 또 다른 하나의 주요 소재이다. 친자연형으로 녹지와 포장을 경계재 없이 처리하는 기법, 알루미늄이나 플라스틱으로 된 엣지재, 화강경계석, 각석, 장대석, 점토블록, 와편, 로프, LED조명 경계재 등 다양한 소재를 활용할 수 있다.

포석과 디딤돌 설치

1. 포석 설치

포석용 재료는 시멘트 보도블록, 오지벽돌, 적벽돌, 내화벽돌, 자연석 등을 이용할 수 있다. 이런 재료를 살 때는 정원의 구조와 조화를 이룰 수 있는 재료를 선택한다. 포석 설치 순서는 다음과 같다.

01 설치 장소를 표시한 다음 설치 재료에 알맞도록 흙을 파내어 지면을 정리한다.
02 지면에 모래나 자갈을 깔고 포석 재료를 설치한 다음 염산이나 셀모톤으로 표면을 청결하게 닦아낸다.
03 재료의 종류에 알맞도록 틈새를 모래나 자갈, 잔디 등으로 포석이 돋보이도록 채워 아름답게 마무리한다.

2. 디딤돌 설치

디딤돌의 재료는 정원의 구성에 맞추어 어울릴 수 있는 자연석이나 인조블록, 인조목을 선택하여 사용할 수 있다. 그러나 형태는 사람의 통행을 도울 수 있도록 모진 부분은 감추고 부드러운 면을 노출해 안전하게 설치함이 바람직하다. 흙집이나 전통한옥에 잘 어울리는 맷돌은 최근 디딤돌로 많이 이용하고 있다. 일반적인 디딤돌 설치 순서는 다음과 같다.
01 설치 장소의 요소에 디딤돌을 놓아 본다.
02 돌 사이에 디딤돌을 적절히 배치한다.
03 실제로 도보하여 적절 여부를 확인하고 단점을 보완한다.
04 정원과의 조화, 도보에 불편한지 여부 등을 점검하여 이상이 발견되지 않으면 돌의 위치를 확정한다.
05 확정된 돌은 수평을 맞추어 흙을 파내고, 위치를 고정한다.
06 돌 밑에 틈이 생기지 않도록 흙과 자갈, 모래로 채운다.
07 모래, 잔디 등으로 디딤돌을 돋보이도록 화장을 한 다음 물로 깨끗이 청소한다.

기타 참고사항

01 부지의 조경계획 시 설정한 공간과 동선을 따라 공간의 개념과 이용빈도 등을 고려하고, 질감과 색감을 고려하여 포장재를 선정한다. 하나의 종류를 사용하거나 다른 석재나 소재들을 혼합 사용하는 방법, 조명포장 등으로 다양한 시각적 연출이 가능하다.
02 차량의 진입부는 속도 저하를 위해서 혹두기나 사고석포장, 험프경계석을 설치하면 좋다.
03 주차장의 경우 화강석판석포장, 인조화강블록포장, 점토블록포장(T80), 잔디블록포장, 판석+콘크리트포장 등 경도와 강도가 오래 유지되는 포장을 선택한다.
04 공통으로 습기가 많은 곳은 포장재에 이끼나 물때가 끼어 착색되거나 약화될 수 있어 배수나 건습관리를 잘해주어야 한다.

01_ 정원의 상위 전경으로 천연석 질감의 보도블록 바닥과 경관블록으로 쌓은 각 경계선이 잘 정돈된 분위기다. 빈틈없이 견고한 바닥은 주차공간으로도 활용한다.

02_ 부정형 현무암과 맷돌 디딤석, 화단의 경계를 표시한 사고석과 자연석, 자갈과 쇄석 멀칭 등 다양한 종류의 석재로 유기적인 곡선미를 아름답게 연출한 주정의 상위 전경이다.

03_ 대문에서 현관 데크까지의 동선을 연결한 침목 디딤목과 잔디마당이 일체감을 이룬다.
04_ 3단 처리한 뒤뜰 테라스의 윗단은 따뜻한 느낌의 목재데크로, 아랫단은 석조 벽돌로 포장하여 테이블과 바비큐 시설을 갖추었다.
05_ 대문에서 주정원에 오르는 자연석 돌계단, 나무와 초화류, 조경석의 어울림이 마치 자연의 일부를 옮겨다 놓은 듯 자연미를 발산한다.

03

04

05

01_ 입구에서 현관 계단까지 비정형 판석을 놓고 사이를 시멘트로 메웠다. 각종 초화류로 화려하게 장식한 전원마을의 개방된 아담한 정원이다.

02_ 입구에서 데크까지 화강석 장대석 디딤석을 놓고 계단을 만들어 석축 암석원의 분위기와 조화를 꾀했다.

03_ 널찍한 현무암 정형 판석으로 현관까지 마감한 동선과 모노톤의 현대적 건축물이 조화를 이루며 고급스러운 분위기를 자아낸다.

04_ 화강석 판석으로 일정한 패턴을 그리며 연출한 정원 내부의 동선이 말끔하게 정돈된 정원의 분위기를 더한다.

05_ 대문에서 데크를 잇는 동선에 다양한 크기의 정형 디딤석을 놓아 연출했다.

06_ 다각형 모양의 현무암 판석으로 패턴을 그려 깔끔하게 마감한 보도와 잔디 경계, 계단으로 이루어진 파티오다.
07_ 철도침목과 부정형 현무암 판석, 질감이 서로 다른 돌과 나무 소재를 적절히 이용해 변화를 준 정원 디자인이다.
08_ 좌·우측으로 열식한 회양목 사이에 내구성이 뛰어난 철도침목을 세로로 깔아 파고라와 데크를 연결한 샛길이다.
09_ 시공이 편리하고 하자보수가 용이하여 오랫동안 가장 많이 사용하는 블록포장으로 다양한 패턴 연출이 가능하다.

01_ 정원 내 동선에 부정형 철평석 판석을 자유롭게 놓아 마감했다.

02_ 통나무를 빈틈없이 정성스럽게 놓아 원형 패턴으로 연출한 산책로로 색다른 운치와 자연스러움이 느껴진다.

03, 04_ 정원용 조형 맷돌 디딤석을 놓고 주변을 꽃잔디로 화려하게 장식한 동선이다.

05, 06_ 목재데크 길과 바크(우드칩) 멀칭재, 식물의 모아심기로 간결하게 연출하여 마치 하나의 평면도형 예술작품을 보는 듯한 색다른 분위기의 정원이다.
07_ 차량 출입이 있는 주정원의 로터리에 내구성이 높고 다양한 패턴 연출이 가능한 인조화강석블록으로 바닥을 포장했다.

01_ 부정형 현무암 판석으로 시원스럽게 포장한 보도, 아름드리 우거진 오래된 고목들이 운치를 더하는 카페 정원 출입부의 전경이다.

02_ 부정형 철평석 난석과 맷돌을 자유롭게 깔고 그사이를 시멘트와 자갈로 멀칭한 무게감이 느껴지는 아늑한 길이다.

03_ 튤립과 야생화가 아름답게 펼쳐진 벚나무 사이의 정형 화강석 판석을 놓아 만든 산책로이다.

04_ 화강석 판석을 지그재그로 견고하고 감각 있게 연출한 카페 어프로치다.

05_ 우드데크 타일로 포장한 정원의 휴식 공간, 주변을 목재로 마감한 부드럽고 따듯한 서정적인 분위기의 편안한 쉼터다.

06_ 화강석 판석과 철평석의 자연색감을 조화롭게 살린 리조트 어프로치의 포장, 제주 화산석으로 쌓은 돌담이 지역적인 특색을 잘 보여준다.

07_ 가공한 통나무로 화단 경계를 두르고 판석으로 말끔하게 마감한 정원 내 산책로이다.

04

05

06

07

01_ 미끄럼을 방지할 수 있는 부정형 현무암을 모자이크 패턴으로 빈틈없이 포장하여 완성도 높게 마감하였다.

02_ 낮은 돌담 사이에 방형의 판석을 깔고 양 여백을 잔디로 멀칭하여 마무리한 산책로이다.

03_ 널찍한 조경석의 평평한 면을 디딤석으로 활용하여 투박하지만, 자연미가 느껴지는 조경 농장의 어프로치다.

04_ 화강석 포장 블록에 정형 판석으로 포인트를 주어 모양을 낸 어프로치다.

05_ 철평석 난석 판석 사이에 돋아난 잔디가 자연스럽게 조화를 이룬 부드러운 곡선의 공원 산책길.

06_ 대나무와 음지 야생식물이 어우러져 싱그러움을 안겨주는 도심 속 빌딩 내의 목재데크 어프로치.
07_ 침목으로 샛길을 만들어 운치를 더한 전망 좋은 공원 샛길의 휴식공간이다.
08_ 바닥재로 사용한 우드블록은 한여름 땡볕의 열기를 흡수해 준다. 한반도 모양의 미니화단이 목재 바닥 위에서 더욱 돋보이며 싱그러운 감동을 준다.

01_ 석재데크와 우드블록, 미니 암석원으로 연출한 평면 구성, 자연 풍경에 둘러싸인 조용하고 아늑한 휴게공간이다.

02_ 다양한 색상과 형태의 석재데크가 돋보이는 평면 디자인, 블랙 판석 사이에 애기기린초 등 세덤류를 심어 색다른 공간을 연출한 아늑한 휴식공간이다.

03_ 견고하고 자연 친화적인 붉은 점토벽돌 포장의 정원 산책로이다.

04_ 화강석 디딤석을 곡선 대칭으로 놓아 연출한 아담한 한옥 정원의 동선이다.

05_ 마사토 포장의 마당에 화강석 디딤석, 잔디블록으로 마당과 주차구역을 구분하였다.

06_ 부정형 현무암 디딤석과 어우러진 잘 가꾼 한옥의 아담한 잔디마당이다.

07

08

09

07_ 잔디마당의 메인 동선에 한옥 분위기와 잘 어울리는 맷돌 디딤석을 놓고,
낙숫물로 인한 패임 방지를 위해 처마 라인을 따라 화강판석으로 보강했다.
08_ 리드미컬한 곡선의 침목 동선이 잔디마당을 가로질러 현관으로 이어진다.
주인장의 예술적인 감각이 묻어나는 연출이다.
09_ 대문에서 현관에 오르는 동선에 유선형으로 화강석 판석을 놓았다.
10_ 사람의 발길이 잦은 곳에 화강석 판석으로 전통문양 패턴으로 동선을 확보한
한옥카페의 잔디마당이다.

10

01_ 솟을대문에서 현관까지 유선형으로 자연석 디딤돌을 놓은 마당의 정원 풍경이 문얼굴을 통해 아름답게 다가온다.
02_ 주택 전면에는 아기자기하게 꾸며진 정원이 펼쳐져 있고 사랑채, 안채, 뒷마당, 협문으로 이어지는 동선마다 자연석 디딤돌을 놓았다.
03_ 마사토 포장에 화강석 판석으로 아름다운 문양의 동선을 연출한 한옥 마당이다.
04_ 주정을 지나 화계와 별채를 잇는 온양석으로 만든 디딤석 동선이 초화류와 자연스럽게 어우러진 아늑한 뒤뜰이다.

05_ 장방형의 판석을 이용하여 장축으로 규칙성 있게 바닥을 깔았다.

06_ 양쪽 화단의 경계에 자연석을 놓고 마사토를 깐 부드러운 곡선 디자인의 편안한 산책로다.

07_ 경사지를 따라 자연석으로 조성한 나지막한 산책길, 돌의 생김새대로 얇은 돌은 바닥에 깔고 도톰한 돌은 계단이나 경계석으로 활용해 통일감을 주었다.

08_ 부드러운 곡선의 자연석 길, 돌의 투박하고 자연스러운 질감을 그대로 살려 토속적 분위기의 한옥카페와 조화를 이루었다.

09_ 검은색에 흰 줄무늬가 특징인 부정형 온양석 판석을 자유롭게 깔아 한옥 담장과 조화를 이루었다.

04

계단
Stairs

◀ 길게 다듬어 만든 화강석 장대석을 주요 계단재로 사용하고, 양쪽에 자연석 석축을 쌓아 야생화와 메지목을 심어 아름답게 조성한 대문 출입부이다.

계단
Stairs

계단은 높이가 다른 두 공간을 연결하는 통로이자 여러 기능이 집중되는 접촉 지점으로 주요 동선임과 동시에 입체적 구조로 인해 경관의 중요한 연출 부분이다. 계단은 첫째, 안전성과 내구성 둘째, 미적 조형성을 바탕으로 설계되어야 한다. 원로의 구배가 18%(높이 18cm/거리 100cm)를 초과하면 계단을 만드는 것이 안전하지만, 60% 이상에서는 오히려 위험하므로 다른 방법을 강구해야 한다. 주로 급경사에서의 안전한 보행을 위해 만들지만, 다른 공간으로의 시각적 변화를 가져오므로 의도적으로 설계하기도 한다. 또한, 이용자 중 장애인이나 노약자가 있다면 안전을 위한 경사로(슬로프)를 설치해야 한다.

대문에서 정원에 이르는 비탈길에 만든 견고한 자연석 계단이 고태미가 흐르는 육중한 조경석과 조경수, 초화류가 어우러진 아름다운 암석원과 일체감을 이룬다.

계단의 설계

1. 고저 차 측정

계획된 공간과 공간의 높이 차이를 측정한다. 계측기로 정확하게 높이를 측정한다.

2. 계단의 설계기준

계단은 수직거리를 오르는데 최소의 수평거리로 이동이 가능한 효과적 수단이나, 이동하는 동안 긴장하고 힘이 들며, 상황에 따라 떨어질 위험이 있음으로 안정성을 고려하여 계단참과 난간(Handrail)을 설치한다. 공간의 면적을 고려하여 계단의 계획 경사율을 결정하면 계단의 단수가 결정된다. 이때 단의 높이는 18cm 이하, 단의 너비는 25cm 이상으로 하는 것이 보행에 안전하다.

1) 단 높이: 최대 180mm, 보통 150mm, 최소 100mm

2) 단 너비: 옥외 계단의 경사는 일정하게 유지하고 단 너비의 기본 단위는 275mm를 적용한다. 옥외계단의 최대 경사는 30~35도가 적당하다.

3) 계단 수: 최소 3개 이상으로 한다. 계단 수가 2단 이하일 경우 눈에 띄지 않아 위험하다.

4) 참(Platform): 최적 10단 마다 설치, 최대 20단에 설치하며, 폭은 1.8m 이상으로 설치한다.

5) 계단 폭: 마주칠 때 상대방이 통과 가능한 폭은 최소 1.2m이다.

6) 계단의 난간: 800mm 이상의 높이로 설치한다. 벽면에 설치할 경우 3.5cm 이격시키고, 단면을 원형 또는 타원형으로 하는 것이 좋다.

3. 유의사항

1) 단높이와 단너비의 비율에 주의하며, 단높이가 높으면 단너비는 작게 하여 보폭에 큰 변화를 줄이고 발걸음의 여분에 주의한다.

2) 계단의 폭은 원로의 폭보다 좁게 하지 말고, 계단의 시·종점 부근은 될 수 있는 한 수평 부분을 넓게 만드는 게 좋다.

3) 계단의 높이가 2m 이상인 경우나 방향 전환을 할 때는 계단참을 만들고, 3m이상인 경우 중간에 1인용의 경우 90~110cm, 2인용의 경우 130cm 이상 넓이의 평면을 설치한다.

4) 옥외계단은 계단상 단 높이가 20cm 이상이 되지 않도록 하고, 단 너비는 수평보다 약간 앞으로 경사(물매)지게 하여 강우에도 사용에 지장이 없도록 해야 한다.

5) 계단 양측에는 흙막이 돌난간을 만든다.

6) 디딤판은 거칠게 마감하고 미끄러지지 않는 재료를 사용해야 한다. 미끄럼 방지를 위해 계단코에 슬라이딩 방지제를 설치한다.

7) 계단의 첫머리는 파손되기 쉬우므로 얇은 재료나 모난 재료를 피하고 원재나 모따기 한 것을 사용해야 한다.

8) 최하단과 최상단의 땅 가까운 쪽은 파임 현상이 나타나기 쉬우므로 경도와 강도를 고려하여 소재를 선택한다.

9) 옥외의 조경에서는 나선형 계단은 지양한다.

계단의 재료

재료는 포장재와 동일하고 시각적으로 입면, 평면이 노출되기 때문에 주변 포장재와 건물의 색상과 질감을 고려하여 선택한다. (각 재료의 특징은 본서 63페이지 포장편 참고)

1. 자연석계단: 자연석은 형태가 다양하지만, 계단석은 한 면이 편평한 것을 단 너비로 사용해야 하고 현무암, 화강암, 석회석, 점판암 등이 다양한 색깔과 무늬, 표면 질감으로 널리 사용되고 있다.

2. 판석계단: 계단 기초콘크리트를 시공한 후에 붙임몰탈을 사용하여 판석을 붙이는 것으로 석종에 따라 다양한 질감과 무늬를 선택할 수 있고, 규격과 패턴에 따라 다양한 느낌의 연출이 가능하다. 단너비의 마감 가공은 미끄럼방지를 위해 물갈기를 해서는 안 되며, 버너마감이나 잔다듬, 도두락다듬이 주로 쓰인다. 디딤판의 모서리는 모따기 가공을 하는 것이 좋다.

3. 장대석계단: 가공의 형태와 모양에 따라 사고석, 장대석, 원주형 통석 등 원하는 규격의 통석을 사용하여 계단을 만든다.

4. 목재계단: 하부 아연도각관의 구조체를 설치하고 그 위에 시공하는 데크 계단부터 침목계단, 가공목계단, 원목계단 등이 있으며 친환경적 경관 연출에 주로 사용한다. 디딤판은 미끄러지지 않게 요철가공을 하거나 디딤판 가장자리에 고무패드나 합성수지 띠를 설치하기도 한다.

5. 점토블록 계단: 콘크리트 계단기초를 설치한 후에 점토블록을 규격에 맞게 습식으로 붙이는 공법이다. 바닥용 점토블록을 사용하고 엣지는 경계블록으로 처리한다.

6. 기타: 타일, 고무매트, 고무블록, 인조잔디 등의 다양한 재료를 계단재로 사용한다.

고저 차가 나는 나는 경사지에 장대석 돌계단을 놓고 양쪽에 디자인블록으로 난간을 세워 화단을 조성하였다.

01_ 디딤돌과 데크 계단을 설치하여 주정에서 현관으로 동선을 잇고, 양옆 둔덕에 야생화 화단을 조성하여 아름답게 연출했다.
02_ 화강석으로 만든 장대석계단과 고태미가 흐르는 육중한 경관석, 싱그러운 수목들이 반겨주는 카페 입구의 경사지 조경이다.
03_ 정원에서 별채로 오르는 경사지 지형을 따라 놓은 산석 계단이 정원에 입체감과 자연미를 더한다.
04_ 두 단으로 이루어진 경사지에 만든 자연석 계단. 투박해 보이지만 자연스러운 멋이 있다.

04

05_ 집으로 오르는 동선에 석교를 설치하여 양쪽에 야생화를 심고 철도침목으로 목재계단을 만들었다.
06_ 진입로의 낮은 경사지에 꾸민 육중한 조경석과 돌담 사이에 장대석계단을 만들어 시각적인 변화와 조경의 완성도를 한층 높였다.
07_ 장대석 계단과 해태 석상으로 꾸민 정원 입구의 경사지 진입로다.

05

07

06

01_ 샛문에서 게스트룸으로 오르는 비탈길에 만든 자연석 돌계단을 따라 펼쳐진 아름다운 정원 풍경이다.

02_ 돌 틈 사이에서 자라는 돌단풍, 담쟁이덩굴, 매발톱꽃 등 야생화와 자연스럽게 조화를 이루며 눈길을 끄는 돌계단이다.

03_ 도심 속의 자연 숲과 어우러진 높은 경사지에 침목으로 계단을 만들고 철쭉으로 화려하게 수를 놓았다.

04_ 주차장과 대문의 경사지에 온양석 판석 계단을 만들어 연결했다. 검정 바탕에 흰 줄무늬가 선명하고 질감이 아름다운 온양석은 다목적 조경용으로 널리 이용하는 자연석이다.
05_ 화강석 돌계단 양옆으로 온양석을 세워 흙막이 돌난간 겸 조경요소로 활용했다.
06_ 완만한 경사지의 주 진입로 한쪽에 매끈한 화강석 판석으로 안정성을 고려해 폭이 넓은 계단을 설치했다.

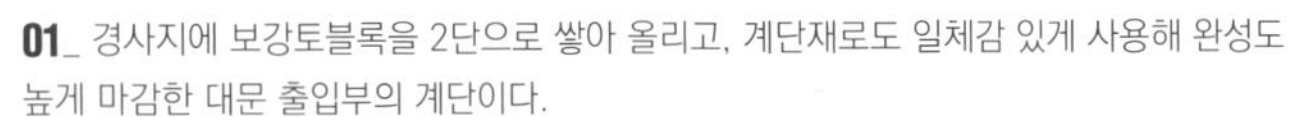

01_ 경사지에 보강토블록을 2단으로 쌓아 올리고, 계단재로도 일체감 있게 사용해 완성도 높게 마감한 대문 출입부의 계단이다.

02_ 돌 자체의 멋스러움으로 사람의 마음을 끄는 게비온담장, 암회색의 고흥석 판석 계단과 어울려 모노톤의 중후한 분위기를 자아낸다.

03_ 평평하고 넓게 가공한 화강석 판석계단 주변에 화사한 초화류, 꽝꽝나무 등을 열식하여 경관을 연출하였다.

04_ 자연 속 휴식공간으로 이르는 경사지에 폭넓은 목재로 만든 따뜻하고 목가적인 분위기의 계단이다.

01, 02_ 침목 특유의 엔틱한 나무 질감이 느껴지는 목재계단은 편안한 보행감을 준다.
03_ 경사지를 따라 리드미컬하게 연출한 허브향 가득한 정원 사이의 침목계단이다.
04_ 막돌로 자연스럽게 쌓은 석축 사이로 덩굴식물을 위한 파고라를 만들어 계단에 그늘을 만들고 꽃잔디로 화사하게 꾸몄다.

05_ 검은색의 나지막한 현무암 돌담에 붉은색 점토벽돌로 만든 계단이 강한 색상대비를 이루며 강한 이미지를 준다.

06, 07_ 경사지에 오르는 돌계단에 각양각색의 판석을 놓아 견고함과 함께 하나의 볼거리로 시각적인 즐거움을 준다.

01_ 장방형의 화강석 장대석 계단에 물확과 초화류로 화사하게 장식하여 계단을 오르는 발걸음은 한층 가볍고 즐겁다.

02_ 천연방부목으로 만든 데크 계단 사이드에 야간의 안전한 보행을 위해 태양광 정원등을 설치했다.

03_ 천연방무목 데크재, 철물, 돌로 구성한 계단 옆에 샤스타데이지, 청화쑥부쟁이 등 키 작은 초화류로 화단을 조성해 색다른 분위기를 연출했다.

04_ 높이가 꽤 되는 경사지에 오랜 기간 모은 자연석으로 석축과 담장, 돌계단을 하나의 작품처럼 완성하여 상징적인 경관을 연출했다.

05_ 자연석으로 완성한 돌담과 계단, 자연에서 얻은 소재라 주변 환경과 잘 어울리고 내구성도 커 영구적이다.

06_ 높게 쌓은 자연석 돌담 아래 매끈하게 잘 다듬은 화강석 판석과 장대석계단을 놓아 자연미와 가공된 정제미의 대비를 보인다.

01_ 묵직한 자연석을 허튼층쌓기한 석축과 장대석계단, 고태미가 흐르는 어두운 석축과 조경이 색다른 분위기로 눈길을 끈다.
02_ 부정형 박석을 다듬어 만든 계단과 바닥 포장, 거칠지만 주변 조경과 조화를 잘 이루는 자연석 소재다.
03_ 정원의 경사지에 얇은 철평석을 서너 켜 쌓아 만든 석재 계단으로 오르면서 켜켜이 쌓은 계단의 멋을 느낄 수 있다.

04_ 대문에서 현관까지 화강석 장대석계단과 현무암 판석으로 부드러운 곡선을 그려 자연스럽게 연결한 동선이다.
05_ 온양석으로 석축을 쌓고 화강석으로 장대석계단을 놓아 경사지를 암석원처럼 자연스럽게 처리하였다.
06_ 한옥 현관 입구에 잘 다듬어진 화강석 판석을 2 단으로 놓아 만든 간결하면서도 기능적인 계단이다.

01_ 토석담과 자연석계단, 박석 포장길, 화단이 어우러진 토속적인 분위기의 어프로치 경관이다.
02_ 자연의 바위에 기대어 만든 돌계단, 함께 공존하며 자생하는 싱그러운 은행잎조팝나무의 강한 생명력이 살아있는 자연석계단이다.
03_ 화강석 판석으로 단을 만들고, 철평석 조각으로 계단 주변을 특색 있게 마감한 개량한옥의 현관 입구이다.
04_ 개울가 경사지의 일각문, 펜션동을 연결하는 곡선 철도침목 계단이 조경석과 어우러져 정원의 볼거리가 되었다.

05_ 경사 지형을 활용한 수직적 공간의 조경 연출에 침목계단이 한몫했다.
06_ 다양한 색상과 모양의 강돌로 경사지 계단과 바닥을 포장한 전통 카페 출입부다.
07_ 양쪽에 축대를 쌓고 장대석계단을 놓아 정갈하게 마감한 한옥 출입부의 계단이다.

05

옹벽, 석축

Retaining wall,
Reinforcing stone wall

◀ 도로에 접한 비탈진 지형에 다양한 크기의 산석을 퇴물림쌓기 하여
구조적 안정감은 물론 석축의 경관미도 살렸다.

옹벽, 석축

Retaining wall, Reinforcing stone wall

지형의 설계에서 도로나 건물을 축조하기 위한 공간 확보와 배후의 토사 붕괴를 방지할 목적으로 도입하는 옹벽이 있다. 낮은 쪽의 지면에 옹벽을 만들고 그 배면을 성토하거나, 높은 쪽의 지면은 정지하고 외부를 절토하는 경우 주로 사용한다. 옹벽 가운데 전원주택에서 가장 많이 도입하고 있는 것이 석축이다. 옹벽은 토양 유동에 대한 저항력이 옹벽 뒷면의 토압에 대한 회전력의 1.5배 이상이 되어야 하며, 그 재료는 외력보다 강한 재료로 구성해야 한다.

옹벽의 종류는 구조에 따라 중력식, 캔틸레버식, 부벽식 옹벽 등이 있으며, 각 구조에 적합한 재료를 선택한다. 중력식 옹벽은 주로 석조(돌쌓기, 석축)나 무근콘크리트를 사용하여 토압에 저항하는 것으로 재료가 많이 소요된다. 캔틸레버 옹벽은 철근콘크리트로 저판을 설치하여 성토된 부분을 자중으로 눌러 저항성을 높인 구조로 5m 내외의 옹벽에 주로 사용하며, 부벽식 옹벽은 철근콘크리트로 저판 위에 부벽을 추가 설치하며 6m 이상의 옹벽에 사용된다.

대문 앞 도로의 경사면에 온양석 석축을 쌓고 영산홍, 회양목 등 틈새식재로 자연스럽게 처리하였다.

석축(돌쌓기)

건물의 기단이나 비탈면의 사면을 안정화하기 위해 돌을 사용하는 석축은 자연친화적이며 돌의 무늬와 색깔에 따라 경관미가 있고, 돌과 돌 사이 식재를 통해 계절적, 미적 연출이 용이하여 전원주택 조경에서 가장 선호하고 있다. 부지 인근에 있는 자연석을 사용하는 것이 가장 좋으나 부족하거나 없다면 외부에서 반입하여 사용해야 한다.

1. 석축의 형식

석재의 접합부 또는 뒤채움에 회반죽이나 모르타르를 사용했는지 여부로 구분 짓는 메쌓기와 찰쌓기가 있고, 줄눈 형태에 따른 쌓기법으로는 바른층쌓기, 허튼층쌓기, 층지어쌓기, 허튼쌓기, 막쌓기 방식이 있다.

1) 메쌓기: 돌을 쌓아 올릴 때 모르타르나 콘크리트를 사용하지 않고 배고임돌을 고여 쌓은 돌을 고정해 뒤채움한 후, 넓적한 큰 돌을 골라 밑고임돌로 고이고 채움돌로 자갈을 사용하여 공극을 채우는 형식이다. 돌의 뒷면에 스며든 빗물은 석재 사이로 배수가 되므로 토압이 증대되지 않고 자연스러워서 좋으나 높이 쌓아 올리기는 어려워 3m 이하로 쌓는 것이 좋다.

2) 찰쌓기: 터파기 후 기초콘크리트를 설치한 후 돌을 쌓아 올릴 때 줄눈에 모르타르를 사용하고 뒤채움에 콘크리트를 사용하는 형식이다. 메쌓기보다 견고하고 높게 쌓을 수 있으나 반드시 배면 토양의 배수를 위한 배수공을 2~3㎡마다 하나씩 설치하여야 하며, 10m 내외에서 신축줄눈을 만들어야 한다. 한 단 쌓을 때마다 석재에 물을 뿌리고 틈에는 콘크리트를 충분히 채운다. 하루에 쌓는 높이는 1~1.2m 정도로 하여 줄눈 모르타르의 경화 시간을 주고, 기초석이나 갓돌은 안전성이 있는 것을 사용해야 한다.

2. 돌의 종류

1) 자연석: 일반적으로 자연석은 포천석, 온양석류 화강석의 발파석 굴림돌을 통칭하며, 우리나라에서 가장 많이 생산되고 쉽게 구할 수 있는 재료이다. 회색에 검은 무늿결이 자연스럽고 미려하여 선호하는 돌이다. 1~12목까지 다양한 크기와 모양으로 필요에 따라 선택 구매할 수 있으며, 굴림의 정도에 따라 모서리의 상태가 다르다.

2) 호박돌: 강돌이나 자연 마모가 둥글게 된 돌로 화강석, 사암 등이 사용된다. 가공되고 정제된 부드러움을 주는 연출이 가능하나, 둥근 면으로 인해 메쌓기로 높이 쌓는 것은 어렵다. 안전을 위해 줄눈이 상하로 관통되지 않게 지그재그로 쌓으며, 원칙적으로 길이가 긴 돌일수록 아래쪽에 놓고 쌓는다.

3) 견치돌: 석종은 자연석과 같으며, 돌의 면이 정방형이나 육각형의 돌로 높이가 낮은 곳은 메쌓기로 하기도 하나 높이가 2m 이상일 때에는 찰쌓기로 해야 안전하다. 법면의 구배는 1:0.2~ 1:0.5(높이:너비)가 적당하다.

4) 원석: 인공을 가하지 않은 능선이 명백하지 않은 축석으로 길이 이외는 형상에 제한이 없는 것으로 절토면이나 소성토의 비탈 끝에 쓰는 경우가 많으며 법면구배, 비탈길이, 평면선형 등의 변화가 자유롭다.

콘크리트 옹벽, 치장 마감

콘크리트 옹벽은 좁은 폭 부지의 단 차이를 극복하기에 좋으며 안전성이 높아 선호되는 방식이다. 콘크리트 구조체를 그대로 사용하기도 하지만, 다양한 재료를 치장하여 더욱 다양하고 화려한 시각적 연출이 가능한 장점이 있다.

1. 편석: 콘크리트 옹벽의 전면에 판석을 포개놓고 그사이에 모르타르

01_ 높은 지형에 위치한 건물의 전망을 확보하기 위해 2단으로 보강토블럭 옹벽을 만들어 택지를 조성하고 화단을 꾸며 입체적인 정원을 연출했다.
02_ 예술성이 있는 인테리어 개비온담장은 아연도금 철망에 채움돌의 석종과 색상 자체의 아름다움으로 보는 사람들의 마음을 포근하게 한다.

01_ 화단으로 구성한 긴 어프로치 끝 지점에 보강토블록으로 낮은 옹벽을 쌓고 화강석 계단을 만들어 주택의 현관 출입부와 연결했다.

02_ 낮은 석축으로도 토사의 붕괴를 충분히 방지할 수 있는 부지에 온양석을 쌓고 틈새식재로 경관미를 살렸다.

03_ 물줄기가 닿는 면은 완만하게 자연석을 쌓아 주변 환경과 조화를 이루고, 그 위의 낮은 석축을 쌓아 정원을 조성하였다.

줄눈을 만들어 쌓는 것이다. 판석의 석종에 따라 다양한 색상 발현이 가능하고 줄눈의 색깔도 그에 맞춰 사용함으로써 입체감을 더욱 부각할 수 있다. 줄눈은 깊숙한 것이 좋다.

2. 판석: 다양한 종류의 석재로 가공된 판석을 모르타르를 사용하여 붙이는 습식이나 앵글을 앵커로 부착해서 붙이는 건식의 방법으로 마감한다.

3. 점토블록: 다양한 색상과 모양의 점토블록을 0.5B 쌓기로 습식붙임하는 방식으로 온화한 질감과 색감을 느낄 수 있다.

4. 목재: 콘크리트 옹벽 면에 장선을 설치하고 각재나 판재를 부착하는 방법으로 목재의 종류와 가공 형태, 규격, 부착방법에 따라 다양하게 연출할 수 있으며, 따뜻하고 고급스러운 장점이 있다. 다만 목재는 수축, 팽창에 의한 변형과 내구성의 단점이 있음으로, 미송이나 더글러스보다는 하드우드를 권장하며 주기적인 오일스테인 도포로 색상 유지와 방부처리를 해야 한다.

5. 타일: 콘크리트 옹벽 면에 각종 타일류를 부착하여 원하는 연출이 가능하다. 다양한 재질의 타일(벽돌형, 도기형, 자기형, 파타일, 포세린, 시멘트사이딩, 세라믹사이딩 등) 가운데 선정된 재료를 옹벽 면을 잘 정리하여 재료의 특성에 맞게 타일본드나 압착시멘트로 압착 시공한 후, 줄눈을 채워 넣는 습식 방법과 앵커와 클립으로 체결하는 건식 방법이 있다.

6. 스타코(석재뿜칠, 드라이비트 등): 모르타르에 도료나 석분을 고르게 혼합한 재료를 페인트처럼 손으로 바르는 스타코와 스타코플렉스, 뿜칠기계에 넣어서 뿌려서 마감하는 석재뿜칠 등이 있다. 자연석 시공의 비용과 시간을 절감하면서 석재의 질감을 자연스럽게 연출할 수 있는 방식이다. 다만 시공 후 시간이 지나면서 수축팽창으로 인해 크랙이 발생할 수 있고 외부 충격에 약하며, 마감재의 변색이나 오염이 단점이다. 보수는 비교적 쉬운 편이다.

보강토 옹벽

콘크리트 보강토블록을 켜켜이 쌓아서 옹벽을 조성하는 것으로, 단이 높으면 배면의 토압에 대응하기 위한 그리드를 중간중간 설치하여 안정을 이룬다. 최근에는 생산업체마다 블록 자체의 생산 시 도료와 염료, 재료를 다양하게 하여 다양한 색상과 질감, 모양의 제품들이 출시되고 있다. 전원주택에서는 부지 외곽의 급경사 구간에 가장 많이 사용되는 재료이다. 블록의 형태에 따라 가운데 식재 홀이 있는 경우 관목이나 초화류를 식재하여 보다 친환경적 연출이 가능한 제품도 있다.

게비온 옹벽(돌망태 옹벽)

게비온 옹벽은 아연도금 철망을 담장 형태로 설치한 후 그 속에 돌을 채워 옹벽을 구성하는 것이다. 게비온은 조경용 의자에서부터 플랜터, 수경시설, 담장, 옹벽, 문설주, 조형물 등 다양하게 사용되고 있는데, 구조 안정성으로 인해 2m 이상 높게 설치하는 것은 전문시공업체에 의뢰하는 것이 좋다. 게비온 옹벽은 채움돌의 석종과 색상, 돌의 모양과 크기에 따라 시각적 느낌이 다르므로 사례를 비교한 후 선택한다.

기타 참고사항

01 모든 옹벽은 시공 시 반드시 기단부의 기초를 튼튼히 시공해야 하며, 배후에서 투출되는 우수의 배수구를 잘 빼주어야 한다.

02 옹벽은 대지 경계의 상·하단부 고저 차가 심할 경우 배후의 토사 붕괴를 막을 목적으로 설치하는 것으로 배후 토양의 슬라이딩과 토압, 부동침하에 대한 구조검토 후 안정성이 있는 재료로 구성해야 한다.

04_ 주차장에서 마당까지 긴 경사지에 자연석으로 완만하게 3단 석축을 쌓고 철쭉 등 소관목류를 심어 화사한 수직적 경관미를 살렸다.

05_ 언덕 비탈면에 산석 석축으로 2단의 대지를 형성하여 집을 지었다. 정원식물과 일체가 된 석축 위에 서면 탁 트인 전망이 한눈에 들어온다.

01_ 경사 지형을 따라 콘크리트 옹벽을 쌓고 전면에 모노톤의 판석으로 특색 있게 마감하여 대지를 조성하였다.

02_진입도로 경사면에 보강토블록 옹벽을 쌓아 기반을 다지고, 그 위에 자연석 막쌓기한 돌담이 화목류와 어우러지며 멋진 경관을 이룬다.

03_ 일정한 크기로 가공한 장방형의 돌로 2단 바른층쌓기한 옹벽이 정원의 키 큰 조형소나무와 어우러지며 독특한 중후한 분위기를 자아낸다.

04_ 높은 경사지 터에 보강토블록으로 부드러운 곡선을 살려 단단하고 웅장하게 2단 옹벽을 쌓고, 단 위에 정원수를 심어 화계와 같은 노단화단으로 연출한 대문 출입부의 경관이다.

05_ 경사면의 조경을 위해 가장 밑단은 낮은 콘크리트로 옹벽으로 기초를 튼튼히 하고 그 위에 자연석 석축을 쌓아 영산홍과 철쭉 등 메지식재로 꽃동산을 이루었다.
06_ 자연석 파석을 꼼꼼하게 2단으로 막쌓기한 석축 옹벽, 단 위에 꽃잔디를 열식하여 높은 석축의 위화감을 완화하여 시각적인 안정감을 살렸다.
07_ 자연석을 허튼층쌓기와 메쌓기 방식으로 2단 석축을 빈틈없이 정교하게 쌓아 올려 폭넓은 노단화단을 아름답게 조성하였다.
08_ 건축 과정에서 채취한 육중한 자연석으로 석축을 쌓아 정원의 경관미를 더했다.

01

02

03

01_ 목재휀스와 계단식 자연석 옹벽으로 구성한 무게감이 느껴지는 이색적인 고샅 풍경이다.
02_ 경사면 하부는 특색 있는 보강토블록 옹벽으로 마감하고, 윗부분은 마운딩하여 조경으로 경관미를 살렸다.
03_ 친환경 석재 조경블록으로 바른층쌓기한 경사면의 낮은 옹벽, 블록의 문둔테 문양이 옹벽의 단조로움을 보완하면서 경관미를 더해준다.
04_ 자연석으로 허튼층쌓기와 메쌓기로 완성한 옹벽, 조형물과 같은 예술성이 돋보이는 석축이다.

04

05_ 보강토블록 옹벽에 철제난간을 설치하고 덩굴식물인 능소화와 야생화를 심어 녹색의 싱그러움으로 자연스러운 조화를 꾀했다.
06_ 하부에 자연석 석축을 낮게 쌓고 소나무와 반송, 눈주목, 철쭉 등을 밀식하여 흙의 유실을 방지하면서 경관을 연출한 법면의 조경이다.
07_ 자연석 막쌓기로 만든 하나의 조형작품 같은 분위기의 석축이다. 돌 사이에서 자라는 돌단풍, 조팝나무 등 야생식물들이 어우러져 보는 이들의 감성을 자극한다.
08_ 자연석 막쌓기로 성곽처럼 길게 쌓은 석축, 세월의 흐름 속에 돌 틈 사이를 비집고 자리 잡은 덩굴식물과 화초류가 석축과 일체가 되어 아름다운 경관을 이룬다.

01_ 찰쌓기한 높은 축대 면을 담쟁이덩굴이 모두 점령하여 그린 벽을 만들어버린 보기 드문 축대 경관이다.

02_ 퇴물림하며 거칠게 쌓은 석축에 건조에 강한 사초류, 분홍달맞이꽃 등을 틈새식재하여 자연스러운 암석원을 꾸몄다.

03_ 비탈지에 넓은 계단을 만들고 대나무 휀스를 설치했다. 법면에는 튤립, 작약, 조팝나무 등을 혼합식재하여 계절 따라 꽃의 변화를 감상할 수 있다.

04_ 법면의 한쪽 면은 널찍한 바위와 자연석 석축, 계단으로, 다른 한쪽 면에는 구절초, 양귀비, 수레국화 등 초화류를 군식하여 아름답게 조성한 법면 조경이다.

05_ 아랫단은 자연석 석축을 쌓고, 그 위에 마당 경계를 따라 쌓은 긴 돌담이 한옥과 어우러지며 하나의 멋진 경관을 이룬다.

06_ 윗집과 면한 뒤뜰 급경사지에 육중한 자연석으로 석축 옹벽을 만들고 영산홍으로 메지식재하여 뒤뜰에 화사함을 불어넣었다.

07_ 비탈면을 안정화하기 위해 쌓은 낮은 석축으로 한 켜에서는 돌의 높이를 일정하게 하고, 매 켜마다 수평줄눈이 일직선으로 연속되게 장방형의 장대석으로 바른층쌓기를 하였다.

04

05

07

06

01_ 흙막이 기능을 위한 낮은 장대석 석축에 화목을 도입하여 기능성과 심미성을 동시에 추구한 장식적 화단을 조성하였다.

02_ 마당과 마당의 고저 차를 자연석 메쌓기로 석축을 쌓고, 그 위에 와편담장을 쌓아 구성한 완성도 높은 옹벽이다.

03_ 2단의 석축과 그 위에 수준 높은 건축미를 보이는 와편담장이 한옥, 조경과 어우러져 아름다운 풍경을 이룬다.

04_ 언덕에 자리한 한옥 스톤힐 입구까지의 진입로 계단과 난간, 옹벽을 자연석 허튼층쌓기로 작품성 있게 완성하여 석축의 멋과 조형미를 한껏 느끼게 하는 경관이다.
05_ 경사면 기반의 안정화를 위해 쌓은 석축이 성벽 같은 위용을 자랑한다. 밑단의 옹벽은 자연석 바른층쌓기로, 그 위에 막쌓기로 돌담을 쌓고 기와를 얹어 담장을 완성하였다.
06_ 자연석 허튼층쌓기 한 석축과 토석기와담, 장대석계단과 초가정자가 함께 어우러지며 향토적 풍경을 이룬 휴식공간이다.

06

대문

Gate

◀ 석재 문주에 철제 단조 문짝으로 구성한 대문. 모노톤의 차분한 분위기의 주택과 조화를 이룬 중후한 분위기의 대문이다.

대문
Gate

출입을 목적으로 설치하는 문은 하나의 공간적 영역을 이루는 경계와 그 영역에 이르기 위한 통로가 만나는 지점의 구조물로, 주택의 첫인상을 결정하며 독립적인 구조물이라기보다는 담·벽 등의 경계 요소와 병존할 때 그 기능이 완성된다. 여러 가지 문 가운데 여기에서는 전원주택 조경에 주로 나타나는 대문과 중문만 다루기로 한다. 문은 공간의 경계를 구분 짓는 본질적인 역할을 넘어서 공간예술의 하나로 주택의 개성을 담아낼 수 있는 구조물인데, 기능적 측면을 강조한 문은 디자인적으로 조경의 양식에 맞게 통일성을 갖추어 설계해야 한다.

바닥 포장, 담장, 계단에 돌 소재를 사용하여 무게감이 느껴지는 분위기에 따라 수제가공기법으로 만든 철제 단조 대문을 설치해 출입구의 예술성을 높였다.

대문의 구조

통상적으로 전원주택에서는 양쪽으로 문주를 세우고 그 가운데 문을 단 구조의 대문이 가장 많고, 한옥의 경우는 규모와 형식에 따라 일각문, 사주문, 평대문, 솟을대문을 세우기도 한다.

1. 문주(門柱)

문주는 대문의 양쪽에 세우는 기둥으로 철재, 주물, 스테인리스, 원목, 가공목, 석주, 판석 마감 등으로 기초를 튼튼히 한 후에 설치한다.

2. 문짝

문주에 부착되어 공간을 차폐하는 기능의 시설물로 여닫이, 미닫이, 접이문 등의 구조로 설치하고, 잠금장치를 부착한다.

3. 부대시설

명패, 안내판 등의 사인물과 우체통, 국기꽂이, 초인종, 조명등 등 필요에 따라 다양한 부속물을 추가할 수 있다.

문짝의 재료

대문의 문짝은 건축과 조경양식에 따라 다양한 형태와 구조, 재료가 사용된다. 개방형 공간의 경우 문짝 없이 조형 문주만 양쪽에 세워 대문을 구성하는 경우도 있다.

1. 목재

한옥에 주로 적용하는 전통목재대문과 현대주택에 사용하는 디자인목재대문이 있다. 사용하는 나무의 재질에 따라 내구성과 무늬결, 색깔이 다르다. 최근에는 다양한 디자인의 목재대문이 많이 생산되고 있어 용도에 맞게 선택하면 된다.

2. 철재

철재는 주철, 단조철물, 스테인리스 등을 주로 사용하며 단단하고, 내구성이 좋고, 중후하고 고급스러운 느낌을 주어 가장 많이 사용하는 재료이다.

3. 복합재

철재, 목재의 복합재 대문으로 철재의 중후하고 견고한 장점과 목재의 온화하고 고급스러운 장점을 동시에 연출하는 대문이 다양하게 생산되고 있다.

4. 싸리나무, 대나무(사립문)

초가형 전원주택의 경우 사용하는 재료로 싸리나무, 대나무를 일정 크기로 잘라 횡으로 이어 엮어서 문짝을 만들고 목제 문주에 연결하여 조성한다. 친환경적이고 소담하나 프라이버시 보호와 안전성 확보에 단점이 있다.
그 외에 개인의 개성을 살려 개별적으로 직접 디자인하고 제작하여 독창적이고 예술적인 내 집만의 대문을 만드는 것도 추천한다.

문주의 재료

문주는 담장의 개방구간에 설치하는데 문주 없이 담장의 가장자리를 문주처럼 사용하여 문짝을 연결하는 방법도 있다. 일반적으로 문주는 문짝과 동일한 소재로 같이 제작하여 시공하는데, 별도로 문주를 설치하

01_ 낮은 생울타리와 연결하여 비슷한 높이의 철제 단조대문을 설치해 개방감과 주택의 경관미를 높였다.
02_ 서구적인 전원주택의 나지막한 목재대문으로 담장의 물결 라인의 리듬에 맞추어 주택 외관의 예술성을 높였다.

01_ 우측은 담쟁이덩굴로 덮인 옹벽이, 왼쪽은 풍성한 회양목이 문주 역할을 대신한 자연스럽고 소박한 목재대문이다.
02_ 양쪽의 휀스와 통일감 있게 연결한 단아한 목재대문, 주택의 외부마감재와 색상을 매치한 수수하고 싱그러운 대문이다.
03_ 개성있는 색상의 목재대문으로 전체적인 주택의 이미지에 포인트를 준 대문 디자인이다.

여 문짝을 연결하기도 한다. 문주의 종류에 대해 살펴보자.

1. 석재 문주

원주형이나 사각기둥형의 통석, 철근콘크리트 구조체에 판석이나 첩석 붙임으로 대문의 중후함과 미려함을 부여하기 좋은 문주이다.

2. 목재 문주

원목기둥, 각목기둥, 철근콘크리트에 나무 각재나 판재를 부착하는 방법, 목재사이딩을 부착하는 방법 등을 사용한다.

3. 철재 문주

철재 문주로는 주물이나 단조를 많이 사용하고 스텐인리스도 사용한다. 특성상 주문 제작하여 쓰는 경우가 많기 때문에 상대적으로 비용부담은 있지만, 내구성이 좋아 오랫동안 품질을 유지할 수 있고, 디자인이 비교적 자유로워 문짝과 세트로 제작해 사용하면 화려하고 고급스러운 분위기를 구현할 수 있다.

04_ 현대적인 감각의 전원주택에 맞게 내구성이 좋은 철재 대문으로 중후하고 고급스러운 분위기를 구현하였다.

4. 콘크리트 문주

노출콘크리트나 철근콘크리트에 석재뿜칠, 스타코 마감으로 문짝을 돋보이게 하는 효과가 있는 문주이다.

기타 참고사항

01 대문은 그와 연결된 담장이나 휀스와 함께 설계 시에 고려해야 하는 것으로, 주택의 설계개념과 건축주의 취향에 따라 프라이버시와 안전을 강조하는 경우는 견고한 석재문주와 중후한 철재 대문, 그에 어울리는 완전 차단형 담장을 대체로 선호한다.

02 조형작품 문은 판화의 음각처럼 특정 소재의 문주를 구성하여 사람이나 수목, 기하학적 모양을 제작하여 설치하는 것으로 독창성과 예술성을 주택에 가미할 수 있다.

03 조형미를 갖춘 나무를 두 그루 양쪽에 심어 문으로 이용하거나, 사립문을 설치하는 것처럼 문은 소재도 모양도 다양하게 연출할 수 있고, 문주에 조명을 설치하면 대문 자체로도 주택에 경관미를 부여할 수 있다.

05_ 단조 휀스와 모노톤으로 조화를 이룬 스트라이프 패턴의 철제 대문, 현대적 분위기의 세련된 차량 출입문이다.

06_ 붉은 벽돌의 건물 외관, 휀스의 색상과 수평적인 패턴에 통일감을 부여한 디자인으로 제작한 목재대문이다.

01_ 녹음으로 우거진 정원의 주목 생울타리 사이에 작은 화이트 목재대문을 설치하여 시각적인 포인트를 주었다.
02_ 철제 프레임에 상하로 판재를 대고 가운데 만살 전통문양을 넣어 디자인한 대문, 위에서 높게 드리운 사간 소나무가 중후한 분위기를 더해준다.
03_ 문양을 넣어 고급스럽게 디자인한 철제 단조기둥이 독창적인 대문, 철재와 목재를 혼합한 문짝으로 차폐 효과를 냈다.

04_ 벽돌을 미장 마감하여 견고하게 만든 화이트 문주에 브라운 톤의 목재대문을 설치하여 독일풍의 전원마을과 조화를 이루었다.
05_ 전벽돌 담장에 이어 전벽돌 문주와 단조 철제문을 매치하여 우아하고 고급스럽게 디자인한 대문으로 주택의 외관이 더욱 돋보인다.
06_ 덩굴 꽃문양으로 예술성을 더해 우아하고 개성 있게 디자인한 대문, 사람의 출입보다는 차량 출입의 역할이 큰 문이다.
07_ 특색 있게 디자인한 빈티지풍의 출입문, 안과 밖의 시각적인 경계를 표시한 하나의 조형물처럼 개방감이 큰 대문이다.

01_ 형형색색 꽃들로 가득한 화사한 정원풍경과 기왓장에 그려 넣은 시화 작품들, 붉은색 낮은 대문이 정원의 구성요소로 행인들의 감수성을 자극한다.
02_ 고풍스러운 점토벽돌 문주와 덩굴식물 문양의 화려한 철제 단조대문을 휀스와 통일감 있게 디자인하여 고급스러운 이미지를 주는 대문이다.
03_ 대리석 담장을 문주로 활용해 설치한 철제 주물대문, 모노톤으로 주택의 전체적인 조화를 꾀했다.
04_ '스톤힐'이라는 언덕 명에 걸맞게 자연석을 쌓아 상징성을 부여한 대문 형태의 구조물로 돌의 자연미를 한껏 느낄 수 있는 출입구다.

05_ 생울타리 사이의 붉은색 목재 협문으로 녹음이 짙은 녹색 정원에 강렬한 붉은 색상으로 포인트를 주었다.
06_ 현대건축의 노출콘크리트로 담장과 출입구를 개성 있게 마감하고, 자생식물을 가꾸어 녹색의 자연미를 구현했다.
07_ 휀스와 문주, 문짝을 철제 단조로 일체감 있게 연출한 흰색 대문, 정원의 주인공인 흰색 자작나무와 조화를 이룬 어프로치의 풍경이다.

01

02

03

01_ 기와를 얹은 나지막한 돌담을 세우고 문 없는 출입구로 훤하게 오픈하여 다양한 야생화 분화, 분재로 아름답게 공간을 꾸민 한옥카페 입구이다.

02_ 전통기와를 얹은 석재담장에 연이어 현대적인 분위기의 철제문을 접목한 품격 있고 고급스러운 웅장한 규모의 카페 대문이다.

03_ 한옥의 와편담장을 문주로 하고, 전통 목재 슬라이딩 대문을 설치하여 주차장 출입문을 겸하고 있다.

04_ 사고석과 와편으로 완성한 한식담장에 일각문을 설치한 리조트 내의 격조 있는 중문이다.

04

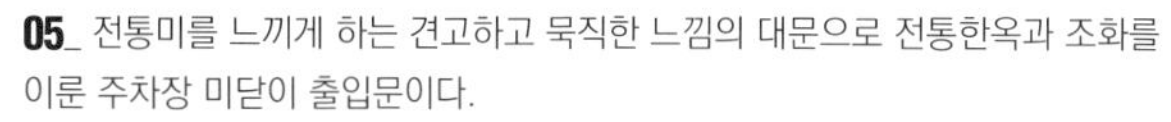

05_ 전통미를 느끼게 하는 견고하고 묵직한 느낌의 대문으로 전통한옥과 조화를 이룬 주차장 미닫이 출입문이다.
06_ 중문 형태의 커다란 상징물처럼 자리한 '만세문', 전돌과 다양한 전통문양으로 멋을 내어 웅장하고 고급스럽게 디자인한 전통 대문이다.
07_ 한옥 대문의 문얼굴을 통해 보는 '락고재'의 정겨운 마당 풍경은 우리에게 절로 편안함을 안겨주는 큰 선물이다.

07

담장, 난간, 생울타리
Fence, Handrail, Hedgerow

◀ 조형미를 실어 산석켜쌓기로 완성한 돌담에 장인정신이 깃들여 있다. 세월이 갈수록 멋과 정취를 더해가는 자연 친화적인 담장이다.

담장, 난간, 생울타리

Fence, Handrail, Hedgerow

담장과 난간은 부지의 영역을 구분하거나 보행자의 보행 공간과 차량의 주행 공간을 제한하고 방풍, 방음 효과를 위해 설치하는 단독구조물로 이루어진 경관 요소다. 옥외 공간에서 요구되는 실용적이며 기능적인 조건을 만족해야 함과 동시에 경관의 심미적인 역할도 매우 중요하다. 이는 차폐형, 투시형, 반투시형으로 구분되며, 옥외공간의 음률과 질주감을 나타내기도 하고, 배경으로 조경을 두드러지게 하고 뒷받침해주는 작용도 한다. 또한, 담장에 누창을 내면 내·외부 공간에 강한 대비 효과를 나타낼 수 있다. 난간은 담장과 달리 시각적 차폐의 효과 대신 차경의 효과와 외부로부터의 시각을 유도하는 효과가 있다. 담장이나 난간은 건축주의 주거 보안 요구의 정도에 따라 높이, 재료, 디자인을 복합적으로 고려하여 설계, 시공해야 한다.

덩굴 문양의 철제단조 휀스, 주택에 고급스러운 분위기를 더해주면서 시원스러운 개방감이 있다.

담장, 난간의 높이

담장 설치에 가장 중요한 것은 높이인데 담장의 높이는 지세, 건물의 규모, 계절풍의 방향, 차경 대상의 위치, 대지의 넓이 등을 고려하여 높낮이를 조절해야 한다. 사람의 침입 방지를 위한 담장은 1.8~2.0m 이상으로 차폐하고, 단순히 시각적 출입통제 효과를 위해서는 0.6~1.0m 이상, 경계 표시는 0.4m 이내의 높이로 설치한다.

담장, 난간의 재료

1. 나무식재(생울타리)

나무식재는 쾌적성, 내구성, 방풍성, 영역 구분은 좋으나 통제성, 소음방지 효과는 낮은 재료이며 필요한 공간의 폭이 넓은 단점이 있다. 수목식재를 통한 담장 조성 기법으로 높이에 따라 수종을 선정하며, 밀도 높은 배식을 한다.

1) 1.8~2.0m 이상 차폐: 잎이 치밀한 상록교목인 주목, 서양측백나무, 에메랄드그린, 향나무, 가이즈까향나무, 가시나무류, 아왜나무, 동백나무, 금목서, 녹나무, 대나무류 등의 수종을 지그재그로 밀식하여 투과율을 낮추고 하부 관목식재를 병행하면 좋다. 반투시형으로 조성할 경우는 전나무, 구상나무, 스트로브잣나무, 편백 등 상록교목을 심고, 하부에 다층구조로 사철나무, 눈주목, 회양목, 아왜나무, 피라칸타, 명자나무, 꽝꽝나무 등 관목을 심는다.
2) 0.6~1.0m 차폐: 사철나무, 개나리, 쥐똥나무, 명자나무, 피라칸타, 녹나무, 광나무, 감탕나무, 조릿대, 이대 등을 사용할 수 있다.
3) 0.4m 이내 경계 표시: 회양목, 영산홍, 자산홍, 눈주목, 호랑가시나무, 꽝꽝나무 등을 사용하면 좋다.

2. 벽돌, 석재, 콘크리트

가장 많이 선호되는 재료들로 설치 폭이 좁고 견고하며 필요하면 누창을 추가하거나, 높낮이의 다양한 변화를 주어 효과적인 시각적 연출이 가능하고, 소재의 색상과 질감이 다양하여 디자인으로 독창성을 구현할 수 있다. 시공 방법은 옹벽 편의 재료와 같다. 통제성, 쾌적성, 소음방지, 방풍성, 영역 구분, 내구성이 모두 뛰어나다.

1) 블록 담장: 점토벽돌, 전벽돌, 인조화강블럭 등을 다양한 쌓기 방법으로 차폐 정도를 조절할 수 있으며, 패턴이나 디자인을 넣어서 시공함으로써 치장할 수 있다.
2) 석재 담장: 다양한 색깔과 질감, 크기의 정형·부정형 석재를 사용하여 성곽 쌓기, 산석 쌓기, 돌쌓기 등으로 완벽히 차폐함과 동시에 디자인을 가미할 수 있다. 전통담장은 토와나 전벽돌, 전돌타일 등을 사용하여 화문장식 전통담장이나 꽃담으로 시공한다.
3) 콘크리트 담장: 노출콘크리트 담장, 각종 타일 장식벽, 석재붙칠, 스타코마감 등이 있다.

3. 목재(합성목재 포함), 콘크리트+목재판

원목, 각목, 원주목 등을 가로 또는 세로로 설치하거나 목재판을 콘크리트에 부착하는 방법으로 온화한 느낌의 친자연적 경관을 연출하기 좋으며 원목, 가공목, 블록, 판재 등 다양한 형태로 디자인할 수 있고 목재 방부 도료의 색깔에 따라 회화적 연출도 가능하다. 모든 기능에서 벽돌, 석재, 콘크리트와 유사하나 내구성이 상대적으로 떨어진다는 단점이 있다. 목재 담장은 목재만으로 디자인하여 시공하는 담장과 콘크리트 구조에 마감재로 목재를 설치하는 담장, 철재와 목재가 접목된 난간이나 휀스 등이 있다.

4. 철재

담장에는 철망이 주로 쓰이고, 난간에는 스테인리스, 단조철물, 주철 등의 철재가 많이 쓰인다. 철재는 쾌적성, 방풍성, 소음방지에 단점이 있으나 내구성이 좋고 통제성, 영역 구분에는 효과적이다. 철재 담장은 메쉬 휀스나 알루미늄 휀스, 주물 휀스, 단조철물 휀스 등 소재에 따라 다양하게 기성품으로 생산·공급되고 있다.

요즘 보기 드문 탱자나무 생울타리와 그사이에 앙증맞게 끼워 맞춘 와편담장이 오가는 행인들의 눈길을 끈다.

01_ 주택과 통일감을 이룬 담장 겸 낮은 노출콘크리트 옹벽을 따라 교목과 관목을 조화롭게 식재하여 개방된 정원을 연출했다.

02_ 주택 외벽과 동일한 회색 톤의 대리석과 철제 휀스로 상·하부를 구분한 마감으로 차폐와 개방이 조화를 이룬 중후한 분위기의 담장이다.

03 격자문양의 화이트 벽돌 담장 사이로 붉은 찔레장미가 그림처럼 수줍게 환한 얼굴을 내밀며 오가는 사람들의 시선을 끈다.

04_ 주택 하부 마감재인 전벽돌로 담장을 쌓고 판재로 디자인 요소를 더해 변화감을 주었다. 유럽풍 주택의 중후한 분위기를 더하는 데 한몫했다.

05_ 정교한 산석막쌓기로 완성한 석축과 담장이 육중한 조경석, 분재형 소나무와 어우러져 주택의 기품을 더한 돌담이다.
06_ 현대적 외관의 목조주택에 맞추어 세련된 스트라이프 패턴으로 디자인한 나지막한 철제 휀스다.
07_ 방부목 판재를 연결해 만든 울타리로 통나무주택의 온화한 분위기, 색상과 조화를 이루어 완성한 부드러운 아치형 목재 휀스다.

01

02

03

01_ 내구성이 좋고 통제성, 영역 구분에 효과적인 블랙 철제 휀스를 설치해 개방감을 높였다.

02_ 주차장 입구와 출입문을 제외한 나머지 경계선에 담장 대신 높이가 엇비슷한 측백 생울타리를 조성해 차폐했다.

03_ 대문이 있는 쪽은 자연석 허튼층쌓기로, 개울이 흐르는 정면에는 막돌 막쌓기로 개성있게 돌담을 쌓아 '돌담집'이란 별명을 얻은 주택 경관이다.

04_ 한옥 요소들을 부분적으로 접목한 주택 외관, 와편과 철평석 난석으로 특색 있게 모양을 낸 담장에서 전통미가 묻어난다.

04

05_ 중후함이 느껴지는 붉은 고벽돌과 철제 단조난간을 조합하여 나지막하고 통일감 있게 만든 담장과 대문이다.

06_ 돌을 낮게 쌓고 자연스럽게 화단을 조성하여 담장을 대신했다. 자연을 배경으로 자연과 소통하는 열린 정원의 분위기에 어울리는 구성이다.

07_ 고대 그리스의 도리아식 건축양식을 접목하여 간결하고 정돈된 형태로 깔끔하게 연출한 담장이다.

01_ 손으로 하나하나 다듬어서 완성한 수제 난간에 유럽지역의 관상용 제라늄을 메달아 장식한 유럽풍 카페의 긴 데크 풍경이다.

02_ 철제 프레임에 각재를 대어 견고하게 마감한 담장, 집 뒤 경사면의 도로 난간대 겸 건물의 담장 기능을 하는 일석이조 효과를 냈다.

03_ 무채색의 노출콘크리트 담벼락을 배경으로 화단을 조성하고 노루오줌, 루드베키아 등을 심어 딱딱한 담벼락에 자연의 생동감을 불어 넣었다.

04

05

06

07

08

09

04_ 탁 트인 한강의 시원스러운 조망을 위해 2층에는 유리난간을, 1층에는 철제와 목재를 이용한 고급스러운 디자인으로 외관의 가치를 살렸다.
05_ 조경예술품을 감상하는 듯한 넓은 잔디밭의 외곽에 식물이 돋보이도록 어두운 톤의 보강토블럭을 쌓아 차분하고 정돈된 분위기의 담장이다.
06_ 담장의 높낮이는 상황에 맞게 선택하면 된다. 나무 판재로 울타리와 문을 낮게 하여 협소한 조경 공간의 답답함을 완화하는 효과를 냈다.
07_ 오래되어도 변색이 없는 나지막한 플라스틱 조립식 휀스, 정원의 식물을 돋보이게 함과 동시에 흰색 건물의 외관 이미지와 통일감을 주었다.
08_ 거목인 노거수 벚나무 아래에 데크를 깔고 철제 난간을 둘러 개방감을 극대화한 운치 있는 휴게공간이다.
09_ 높고 낮은 침목으로 리듬감 있게 세운 울타리, 오래된 침목의 자연스러운 질감과 고태미로 개성적인 멋을 풍긴다.

01_ 주택의 외벽 마감재와 조화를 이룬 따뜻한 색감의 호박돌을 이용해 정성스럽게 쌓은 담장이 독특한 멋스러움을 자랑한다.

02_ 법면에 자연석을 생긴 모양대로 견고하게 쌓아 담장을 만들고 화단을 조성했다.

03_ 석축 위로 빨간 벽돌을 쌓아 만든 담장에서 여느 것과는 사뭇 다른 예술적인 혼이 느껴진다. 담장이라기보다는 하나의 예술작품이라는 인상을 더 심어주는 멋진 담장이다.

04_ 집 뒤 쇄석포장도로의 경계에 에메랄드그린으로 생울타리를 조성해 한결 더 조용하고 편안한 분위기가 감도는 녹음 속 산책로다.

05_ 필지가 넓지 않은 단지형 주택에서는 세대 간 프라이버시를 위해 약간 높은 담장을 만드는데, 생울타리로는 적당한 높이를 유지할 수 있는 측백나무를 많이 사용한다.

06_ 진입로 양쪽에 긴 주목 생울타리를 잘 가꾸어 놓아 하나의 조경 요소로 끌어들였다.

02

01

03

01_ 튼튼한 콘크리트 기초 위에 막쌓기로 나지막하게 돌담을 쌓고, 사시사철 푸른 사철나무 생울타리를 만들어 일 년 내내 청량감이 감도는 담장이다.

02_ 철제 휀스를 따라 빨간색 덩굴장미로 연출한 화려한 장미꽃 담장이다.

03_ 암키와와 수키와 절편으로 문양을 내 만든 와편담장으로 예술성이 돋보이는 기품있는 한식 담장이다.

04_ 장인의 예술적 감각과 정성스러운 손길이 깃든 한옥의 전통담장으로 예술성과 의장적 가치를 지녔다.

04

05_ 한국인의 마음속에 자리 잡고 있는 전통미 있는 낮은 와편담장과 항아리, 가마솥이 걸려 있는 아궁이와 굴뚝은 조경의 점경물로 단연 돋보이는 가치가 있다.

06_ 콘크리트와 전벽돌로 계단식 담장을 만들어 경사지 도로의 레벨을 처리하고 주택 외관과의 조화도 꾀했다.

07_ 암키와를 정성스럽게 쌓아 올린 담장, 전통미를 살리기 위해 기왓장을 이용한 연출이다.

08_ 2단으로 쌓은 돌담 사이에 각종 야생화를 심어 자연이 깃든 친근감으로 방문객의 시선을 끄는 아름다운 한옥 담장이다.

09_ 사고석과 와편으로 만든 혼합식 담장, 침목을 깔아 놓은 산책로와 어우러진 넉넉하고 고즈넉한 분위기로 한옥의 아름다운 전통미가 돋보인다.

10_ 정원 내 동선은 모두 현무암 판석으로 포장하여 보행이 편하도록 하고, 조경 주변에는 낮은 와편담장으로 조경 공간과 보도(步道)를 구분하였다.

01

02

03

01_ 소박한 듯 화려하고 세련미까지 겸비한 멋스러운 한옥의 와편담장은 행인들의 기분 좋은 볼거리다.
02_ 조경보다 꽃담에 더 관심이 가는 한옥 담장이다. 하나하나의 작품을 걸어 놓은 듯한 와편담장의 화려한 연출이다.
03_ 공공시설에 맞게 내부의 조경을 들여다볼 수 있도록 담장의 일부를 와편담장으로 낮게 구성하여 개방했다.

04_ 딱딱한 콘크리트 옹벽을 온화한 각재로 가리고 고려담쟁이를 심어 자연을 들였다. 그 위로는 정원 밑 부분의 깔끔한 처리를 위해 기왓장으로 낮은 울타리를 쳤다.

05_ 토담과 토석담이 하나로 이어져 소박하면서도 향토적인 멋스러운 경관을 이룬 담장이다.

06_ 장인의 손길로 불로장생을 상징하는 십장생을 새겨 넣어 만든 꽃담, 화초와 어울려서 정원의 경관을 주도하는 꽃담의 미학적 가치를 느낄 수 있다.

01

02

01_ 높게 쌓은 와편담장 앞으로 전통과 잘 어울리는 키 큰 대나무를 심어 운치를 더했다.
02_ 채와 채의 공간을 구분하기 위해 쌓은 내담은 전통한옥의 특징 중 하나로, 담으로 남녀와 신분에 의한 생활공간의 영역을 구분하였다.
03_ 마주하는 다른 두 공간에 기와를 얹은 토석담과 돌담으로 위계를 달리해 변화감을 준 한옥 담장의 연출이 돋보인다.
04_ 풍성하게 잘 자란 정원의 주인공 배롱나무, 전통미를 물씬 풍기는 토석담을 배경으로 정원의 분위기는 한층 더 화사한 빛을 발한다.

03

04

05_ 기와를 얹은 토석담이 노란 은행나무 낙엽과 어우러져 아름다운 가을 풍경의 절정을 이룬다.

06_ 붉은색 벽돌담에 만(卍)자, 벽사, 귀갑(석쇠)의 문양과 화초문을 미장으로 새김질하여 바른 꽃담으로 교육적 의미가 담긴 산책로의 담장이다.

08

데크

Deck

◀ 포멀가든 형태로 대칭을 이룬 2층 테라스 정원, 편히 머물러 대자연과의 교감을 통해 심신을 힐링할 수 있는 아름다운 공간이다.

데크
Deck

'데크(Deck)'란 사전적으로 배의 갑판(甲板)을 뜻하며 배 위에 나무나 철판을 깔아 놓은 넓고 평평한 바닥을 말한다. 갑판은 배의 실내에서 외부공간으로 나온다는 의미가 내포되어 있는데, 베란다나 발코니, 테라스 등 외부공간의 바닥을 데크라 한다. 우리 전통한옥의 마루나 툇마루, 쪽마루와 같은 기능으로 이해할 수 있다. 데크는 주택 내부의 생활공간과 외부의 자연공간을 연결하는 매개체로 자연을 동경하는 현대인에게는 갖추고 싶은 대상이다. 생활공간의 확장성을 꾀함은 물론, 사교나 바비큐, 오락의 장으로 활용하기에 좋은 데크는 비단 주택의 공간에만 국한되지 않고, 상업시설이나 공공시설, 공공장소 등 다양한 건축물과 장소에서 폭넓게 쓰이는데, 활용도가 높은 만큼 데크를 설치하고자 할 때는 디자인의 세세한 부분까지 미리 생각하여 설계 시 반영하는 것이 중요하다. 데크는 외부공간의 마당이나 정원과 연결되는 조경의 일부로써, 잘만 활용하면 주택의 의장적 완성도를 높임은 물론, 편리함과 여유로운 생활공간까지 확보할 수 있어 주택의 가치를 높이는 데도 한몫을 한다.

대문 초입부터 종탑 건물까지 이어진 긴 2층 목재데크, 수제 난간으로 짜 맞춤한 데크가 돋보이는 유럽풍의 펜션 전경이다.

데크의 구조와 명칭

데크의 설치 위치와 모양이 정해졌다면 그 하부의 지반 정리와 다짐, 기초콘크리트의 위치와 수량, 멍에 장선의 선정, 배치와 체결 방법, 마루널의 종류와 규격을 설계해야 한다. 직접 사람의 발이 닿는 상판재(Decking)와 그 밑에 장선(Joist), 장선을 받치는 멍에(Beam-Joist), 그리고 이 모든 것을 받쳐 주는 기둥에 의해 하중이 기초로 전달된다. 건물에 부착된 상판재는 건물 내부의 바닥 높이보다 최소한 2.5㎝ 아래에 위치하여야 한다. 기초는 땅을 다진 후 미리 제작한 주춧돌을 이용하기도 하고 현장에서 타설하는 콘크리트기초인 경우는 동결선에서 15㎝를 더 깊이 파서 기초를 고정하기도 한다. 과거에는 멍에와 장선은 미송각재를 많이 사용하였으나, 시간이 지날수록 목재의 수축으로 인해 이격이 발생하여 소리가 발생하거나, 과습한 부분의 경우 목재가 썩어 하자의 발생 요인이 되므로 아연도각관의 사용을 추천한다.

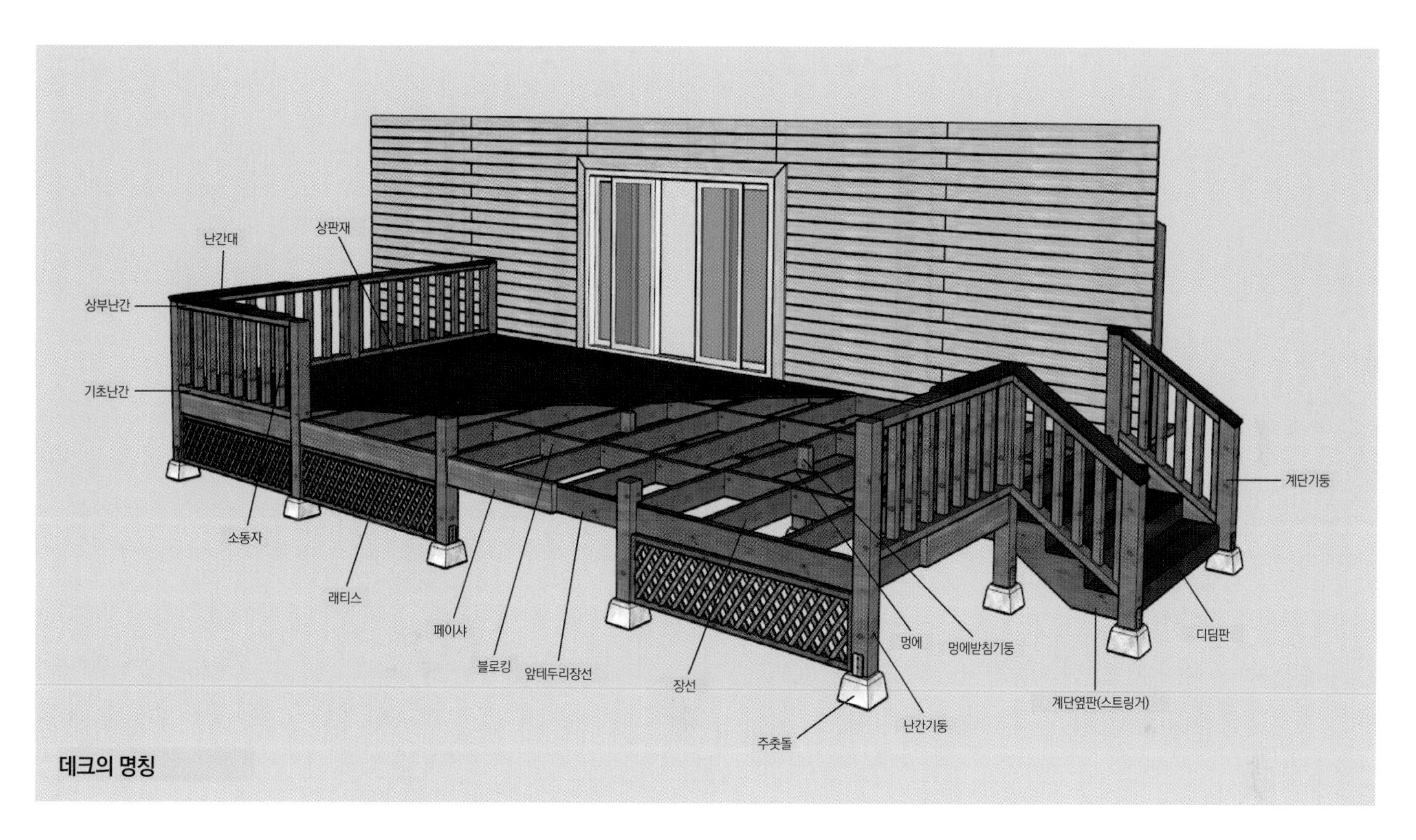

데크의 명칭

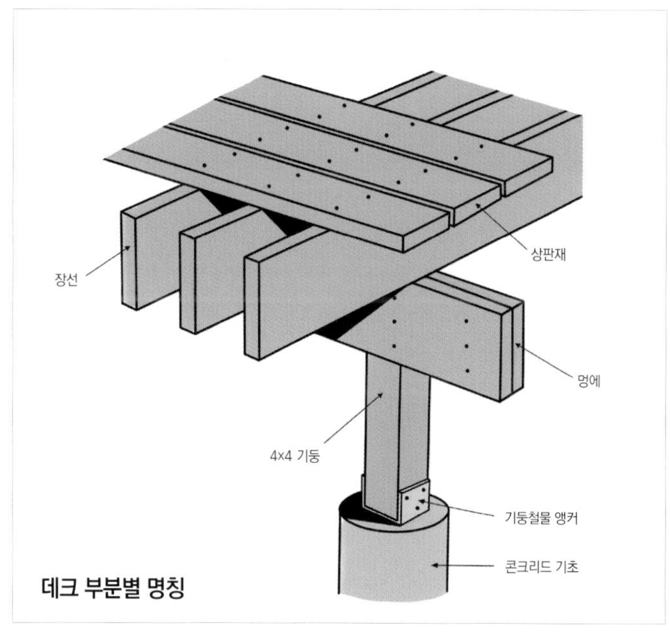

데크 부분별 명칭

데크재의 종류

데크재 중에는 습기, 해충, 곰팡이 등으로 인한 목재의 훼손을 막기 위해 방부제 처리한 방부목, 방부목과 유사한 성능을 발휘하는 천연목재 그대로인 천연방부목, 합성수지와 목분의 혼합 가공물로 내구성을 보완한 합성목재가 있다.

1. 천연목재(천연방부목)

남양재, 하드우드로도 불리며 방부 처리를 하지 않은 자연 그대로의 천연목재로 방부목과 비교했을 때 더 고급스럽다. 가격이 높은 만큼 내구성이 뛰어나고 피부에 직접 닿아도 해가 없다. 하드우드는 목재 산지에 따라 경도, 강도가 다르고 천연목재의 색상과 무늬가 다른데 멀바우, 방킬라이, 이페, 티크, 마사란두바, 울린, 쿠마루, 쿠메아 등 종류가 다양하다. 아무리 강도가 좋고 수십 년의 내구성을 가지더라도 목재라는 본

01_ 넓은 주택 전면의 계단형 대리석 석재데크, 모노톤의 건물에 맞게 회색 톤으로 색상의 조화를 이루어 현대적인 분위기로 설치한 간결하고 시원스러운 석재데크다.

02_ 주택 전면을 넓게 차지한 현무암 석재데크, 차분한 색감에 내구성이 좋고 논슬립 효과가 있어 석재데크재로는 가장 인기 있는 아이템이다.

03_ 지반 위에 바로 설치하고 낮은 계단을 두어 접근하는 형태의 계단형 데크, 난간대가 필요 없이 원하는 형태로 만들 수 있는 이점이 있다.

질이 있어서 오일스테인, 왁스 등으로 꾸준한 목재 관리가 필요하다.

2. 방부목

방부목은 저렴한 가격으로 가장 보편적으로 사용하는 데크 자재이다. 군데군데 내구성을 떨어트리는 옹이 등이 없는 목재를 방부 처리하여 사용한다. 방부목은 CCA(비소, 크롬, 구리가 첨가된 방부제) 방식보다 비소와 크롬을 사용하지 않아 어느 정도 중금속의 위험에서 위안으로 삼을 수 있는 친환경적인 ACQ(구리, 알킬암모늄 화합물계 방부제) 방식을 주로 선택하고 있다.

3. 합성목재

합성목재는 목재의 내구성과 수축, 팽창에 의한 변형의 문제를 보완하고자 개발된 합성수지와 목분의 혼합 가공물로, 내구성을 보완한 제품이므로 오일스테인을 바를 필요가 없어 공원 등 야외 시설물이나 유동인구가 잦은 곳에 많이 사용한다. 다양한 색과 디자인, 간편한 시공 방법의 제품들이 많이 출시되어 있다. 하지만, 이 또한 일부 제품은 변형이나 파손의 문제가 있고, 색감이나 질감에서 이질감을 느끼게 하는 제품도 있음을 알고 신중히 선택해야 한다.

4. 석재

석재는 목재만큼 보편화 되어 있지는 않지만, 그 분위기와 고급스러움으로 찾는 사람이 늘고 있다. 목재데크에 비해 시공비는 비싸지만, 환경에 영향을 받지 않고 내구성이 좋아 관리가 거의 필요 없다는 것이 큰 장점이다. 설계 시 데크 주변이나 데크 안에 화단이나 모닥불 화덕, 바비큐 시설 등 부대시설을 미리 구상하여 다양한 모양으로 연출이 가능하다. 보편적으로 많이 사용하는 현무암을 비롯하여 화강석, 고흥석, 마천석, 철평석, 수입 석재 등이 쓰인다.

5. 기타

그 밖에 서양 주택에서 많이 볼 수 있는 타일, 벽돌, 세라믹, 콘크리트도 데크재로 사용한다. 이러한 자재들은 단독으로 사용하기도 하고, 목재나 석재와 혼합하여 사용하면 좀 더 고급스럽고 세련된 분위기를 연출할 수 있다.

위에서 개략적으로 살펴본 바와 같이 각 데크재는 저마다의 특성에 의한 장단점이 있어, 사용하는 사람에 따라서 호불호가 극명하게 갈리는 경우도 있다. 따라서 데크를 계획한다면 먼저 자재의 특성을 이해하고 건축 여건이나 주변과의 조화, 사용하는 사람의 취향이나 목적에 맞추어 주의 깊게 선택해서 사용해야 한다.

데크의 유형

주택의 외관을 돋보이게 하는 데 큰 몫을 하는 데크는 실용성은 물론 디자인적인 요소까지 더하여 개성이 있으면서 주택과 조경에 잘 어울리도록 시공해야 한다.

비교적 간단한 형태의 일반적인 데크로 설치하는 위치와 사용 목적에 따라 다음과 같이 분류할 수 있다.

01 계단형 데크: 지반 위에 바로 설치하고 낮은 계단을 두어 접근하는 형태의 데크이다. 난간대가 필요 없이 원하는 형태로 만들 수 있는 이점이 있다.
02 난간형 데크: 지반으로부터 서너 계단 올라가게 만든 형태로 안전을 위해 난간과 난간대가 필요한 데크이다.
03 옥상형 데크: 지붕 위의 평평한 곳에 설치하는 데크로 지붕의 방수를 고려해 주의 깊게 설치해야 한다.
04 2층형 데크: 지반으로부터 1층 위에 설치하고 뒤뜰로 연결되는 계단을 놓을 수도 있다.
05 수영장 데크: 지상 위나 지반 밑에 설치한 수영장 주변에 설치하는 형태이다.
06 모서리형 데크: 주택의 한 모서리를 둘러싸는 형태의 데크이다.

기타 참고사항

01 기초콘크리트는 전원주택의 경우 소량인 관계로 원하는 규격의 기성품을 건축자재 업체에서 구매하는 것이 편리하고 싸다.
02 노약자가 있거나 안전상 필요한 경우 동일 소재의 목재를 이용한 난간을 필요한 위치에 추가 설치한다. 미국과 캐나다에 시공되는 데크의 최소 높이와 간격에 대한 법적 규정에는, 난간 높이는 최소 90㎝ 이상이어야 하고, 난간 사이의 간격은 10㎝를 초과해서는 안 된다.
03 시공 후 방부 도장은 오일스테인 2회 도포로 하며, 컬러는 투명색부터 다양하니 공간 분위기에 맞게 선택하여 사용한다.

자연을 배경으로 잔디마당에 모여 작은 음악회를 열기 위해 라운드형으로 디자인한 무대 겸 휴식을 위한 다목적 계단형 목재데크다.

01_ 포치 앞의 계단형 데크는 단아한 주정을 관망할 수 있고, 포치 위의 옥상형 데크는 시원스런 주변 경관을 즐기기에 더없이 좋은 위치다.
02_ 난간 상부를 벤치형으로 넓고 길게 대어 난간대 겸 화분대로, 때로는 의자 대용으로 걸터앉을 수 있게 설치한 실용적인 디자인의 목재데크다.
03_ 바닥을 한옥의 우물마루 패턴으로 디자인한 난간형 목재데크, 지붕을 올려 눈, 비를 피해 사계절 언제든 호수의 시원한 조망을 즐길 수 있다.
04_ 정원 경관을 오롯이 담기 위해 유리난간을 세운 화강석 난간형 석재데크, 휴식 겸 생활공간으로 두루두루 다목적으로 활용하고 있다.
05_ 조경블록으로 난간을 세우고 규격화한 장방형 판석으로 조화를 이룬 난간형 석재데크로 돌의 독특한 질감과 색감에서 오는 경관미를 즐길 수 있다.

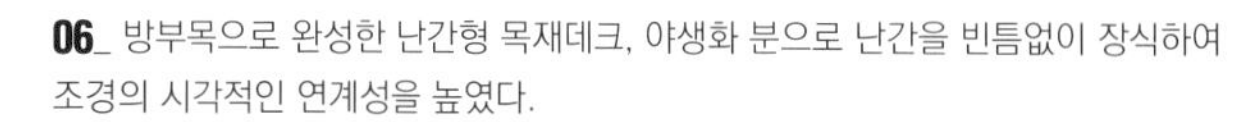

06_ 방부목으로 완성한 난간형 목재데크, 야생화 분으로 난간을 빈틈없이 장식하여 조경의 시각적인 연계성을 높였다.

07_ 본채와 떨어진 위치에 보도로 연결하여 설치한 반도형 목재데크, 잔디를 밟지 않고도 가까이서 차를 마시며 정원풍경을 즐길 수 있는 편안한 공간이다.

08_ 생태연못을 끼고 만든 목재데크와 난간 상부를 넓은 플랜터로 제작하여 독창적으로 꾸민 다육식물 화단이 자연과 일체감을 이룬 아늑한 쉼터다.

09_ 요점식재 한 키 큰 단풍나무를 중심으로 주변 풍광을 백배 즐기기 위해 만든 독립형 목재데크로 한옥의 누마루와 같은 역할을 한다.

01_ 내수성, 내마모성이 뛰어나 오랫동안 변함없는 석재데크, 플랜터 형태의 화단을 꾸며 아름답게 장식한 테라스 공간이다.

02_ 테라스에 모노톤의 포세린 타일로 데크와 화단을 만들어 주택과 외부공간을 연결한 완충공간을 꾸몄다.

03_ 외부의 대자연과 소통할 수 있는 2층의 넓은 테라스의 방부목 목재데크다.

04_ 잔디와 레벨을 맞춘 평면 데크, 단순하게 마당의 여백미를 살린 디자인이다.

05_ 시원한 바다 조망을 위해 게스트룸마다 딸린 테라스의 석재데크, 밝은 톤으로 건물의 외관과 조화를 이루었다.
06_ 건물의 레벨에 맞추어 난간형 목재데크를 설치해 조망감을 높인 카페의 휴식공간이다.
07_ 곳곳에 디딤돌이 놓여 있는 산책로, 정원을 거니는 즐거움과 함께 휴식을 위해 느티나무 그늘에 설치한 목재데크다.

01_ 팔각정자 주변으로 특색 있게 디자인한 계단형 목재데크, 곡선과 직선 형태의 낮은 단으로 디자인하여 대지의 레벨 차이를 조정하였다.

02_ 생태연못 주변의 보도와 쉼터에 간결하게 설치한 목재데크, 보행의 편의와 연못의 풍경을 즐길 수 있도록 설치하였다.

03_ 길게 세로로 이어지는 계단식 데크 어프로치, 환경친화적인 노르딕 스타일을 반영한 단순하고 실용적인 목재데크이다.
04_ 건물 외관의 목재와 통일감을 준 앞마당의 넓은 목재데크, 화단의 꽃을 감상하며 편안하게 차를 마실 수 있는 휴게공간이다.
05_ 데크를 설치해 조성한 테라스 정원이 그림처럼 펼쳐진 2층 노천카페의 화단에, 다양한 꽃들이 가득 만발하여 눈을 매료시킨다.

09

정자, 파고라, 가제보
Garden pavilion,
Pergola, Gazebo

◀ 한옥 정원 내의 전통정자로 ㅅ자형의 화반에 평난간을 둘렀다. 기둥 사이의 프레임에는 한옥 풍경이 가득하다.

정자, 파고라, 가제보

Garden pavilion, Pergola, Gazebo

전원주택 정원에 사용하는 각종 시설물 가운데 휴게 시설물로 대표적인 것이 정자, 파고라, 가제보, 쉘터, 로톤다, 평상 등이 있다. 휴게의 기능이 강하므로 주로 경관이 수려한 곳이나 수경시설 내·외부의 경치가 좋은 곳, 또는 휴식공간이 필요한 곳에 공간의 크기와 요구되는 기능에 따라 선택하여 설치한다.

창경궁 후원의 사모정자 애련정. 정자를 받치는 두 개의 기둥은 연못 속에 잠긴 장주초석 위에 세우고 평난간을 둘렀다.

정자

정자는 오랜 기간 전통적으로 풍류, 관망, 휴식, 교류가 주된 기능이며 경관의 중심시설이 되므로, 시각적 축선을 고려하여 배치하고 관상을 위한 전면의 여유 공간이 필요하다. 전통정자는 가구법에 따라 3량 구조, 5량 구조가 있고 평면에 따라 원형, 정방형, 장방형, 6각형, 8각형, 선형, 십자형 등 다양한 정자가 있다. 입면 구조에서는 개방형이 일반적이나 때로는 들창이나 문이 있는 차단형도 있다. 다음은 정자의 구조에 대해 살펴보자.

1. 초석: 정자의 초석은 지정 위치에 자연 암반이나 자연석초석이 있는 경우 그 위에 바로 기둥을 설치하고, 없는 경우 가공한 초석을 사용한다. 초석의 위치는 건축구조상 평면의 형태 또는 기둥 배치를 고려하여 지정하여야 한다. 단단한 화강석을 가공한 초석에는 원형, 방형, 다각형, 사다리형 등이 있고, 기둥보다 크게 가공하여 사용한다.

2. 기둥과 서까래: 전통정자의 경우 잘 건조되고 가공한 소나무 원목을 사용하는 것이 좋으나 가격이 높아 그 대안으로 수입산 목재를 가공하여 사용한다. 기둥은 전통정자일 경우 배흘림기둥이나, 민흘림기둥의 형태로 가공하나 일반적으로 원주형으로 만들기도 한다. 기둥은 목재로 제작되므로, 하부 주춧돌이 높지 않은 경우 지면에 가까운 하부부터 목재가 썩어 들어가는 문제가 있다. 이를 보완하기 위해 초석의 높이를 지면에서 50cm 이상으로 하여 습기와 수분의 목재 침투를 막거나, 초석을 높일 수 없는 경우 초석과 닿는 부위인 기둥의 밑면에 건조를 위한 홈을 만들기도 한다.

3. 바닥: 마루 틀인 귀틀을 짜고 그사이에 마루널을 설치하는 구조이다. 소나무 판재를 사용하는 것이 좋으나 티크, 오크 등 질 좋은 수입목을 많이 사용한다. 필요에 따라 온돌이나 현대식 난방시설을 설치하기도 한다.

4. 천장: 별도로 천장을 만들지 않고 서까래를 그대로 노출해 만든 연등천장이 가장 일반적이고, 가구 부재들이 아름다워 천장을 가리지 않아도 충분하다.

5. 난간: 추락을 방지하기 위한 구조물로 난간동자 사이를 살을 짜서 치장한 교란난간과 난간동자를 바깥으로 돌출되고 휘어지게 깎고 초각을 첨가한 계자난간이 있다. 계자난간은 정지된 상태에서 걸터앉거나 기대어 주위 공간을 포용하고 조망하기 위한 개방 중립적 기능이 있다. 정자의 난간은 그 자체의 조형성뿐 아니라 정자의 조형미를 이끌어가는 공간 연출의 시각예술이기도 하다.

6. 장식: 현판이나 주련, 낙양으로 멋을 내기도 하고 단청으로 치장하기도 한다.

7. 지붕: 소재로는 초가지붕과 너와, 기와지붕 등이 있고 형태로는 맞배지붕, 팔작지붕, 다각형지붕(사모지붕, 육모지붕, 팔모지붕 등)이 있다. 다각형지붕의 중심부에 옹기나 쇠붙이로 만든 절병통을 장식하여 의장성을 높이기도 한다.

파고라

파고라의 규범 표기는 '퍼걸러'나 본 서에서는 일반적으로 고유 명사화된 파고라로 표기하였다. 전통조경에 국한된 정자와는 달리 다양한 서양식, 현대식 조경에 적합한 파고라는 휴게시설로 선호되는 시설물이다. 정원이나 편평한 지붕 위에 나무를 가로와 세로로 얹어 놓고 등나무 따위의 덩굴성 식물을 올려 만드는 서양식 정자, 보도의 장식이나 차양의 역할을 한다.

1. 높이는 일반적으로 2.2~2.6m이상, 기둥 간 거리는 1.8~2.7m, 너비는 높이보다 약간 넓게 한다.
2. 보는 도리 위에 직각 방향으로 얹으며, 각재나 각파이프의 경우는 장

01_ 방지(方池)연못 위에 지은 부용정은 장방형의 정자로, 백제시대 고유의 건축법으로 지어 고즈넉한 전통미를 구현하였다.
02_ 정원 한쪽에 말끔하게 지은 팔각정자, 자연을 두루 관상하며 정원의 경관미도 한 층 높일 수 있는 훌륭한 점경물이다.

01_ 정원 한가운데 자리한 홑처마 팔작지붕의 사각정자 함월정은 연못에 비친 달빛을 바라보며 시를 읊조리던 선조들의 풍류가 배어있다.

02_ 절병통의 사모정자, 전벽돌로 만든 아궁이와 굴뚝이 한옥 정원의 분위기를 한껏 고조시킨다.

03_ 연못 옆에 자리 잡은 평난간을 두른 넉넉한 육각정자, 오는 이들이 가장 많이 찾고 좋아하는 쉼터로 정원의 경관미를 주도한다.

변을 세워서 사용하는 것이 원칙이다. 보의 높이는 2~2.5m 정도가 적당하고, 도리는 기둥과 함께 볼트로 죄고, 빗물이 기둥 위에 고이지 않도록 기둥 상부에 방수재로 물매를 잡으면 도리가 잘 썩지 않는다.
3. 파고라는 과거에 주로 목재로 제작되고 단순하던 형태에서 점차 예술적인 디자인으로 발전하여 무수히 많은 재료와 크기, 형태의 파고라가 생산되고 있다. 전원주택과 조경의 양식에 맞추어 선택하면 되고, 직접 디자인하여 설치하고 싶으면 DIY로 제작해보는 것도 좋은 방법이다.
4. 파고라에 의자가 부속된 제품 외에는 등의자, 평의자, 평상, 가든 테이블 등의 휴게 시설물을 같이 설치하면 좋다.

가제보

야외활동을 위한 시설물 중 하나로 마당이나 테라스에 설치해 사용하는 가제보는 방과 가장 흡사한 구조로 되어 있다. 정자나 파고라보다 좀 더 밀폐된 느낌을 주어 조용히 사색하거나 친구, 가족들과 모여 마음껏 대화할 수 있는 훌륭한 공간을 제공한다.
1. 팔각 형태로 된 것은 여러 사람이 모일 때 서로 마주보고 상호 작용하며 시선을 집합시키기에 좋은 역할을 한다. 기둥과 기둥 사이의 패널 위에 벌레들을 막기 위해 스크린 도어를 설치하기도 하는데, 밤늦게까지 신성한 공기와 달빛까지 즐길 수 있다.
2. 정원의 장식적인 역할 뿐만 아니라, 햇빛과 비를 피할 수 있고, 쉴 수 있는 공간을 제공해 주며, 필요에 따라 조명이나 샹들리에를 달아 멋진 야간경관을 연출할 수도 있다.
3. 가제보는 일반적으로 목재를 많이 사용해 만들지만, 시중에 사각형, 오각형 등 여러 가지 형태를 키트로 만들어 DIY로 조립할 수 있는 금속 제품도 다양하게 나와 있다.
4. 정자, 파고라, 가제보는 용어는 서로 다르지만, 쓰이는 용도와 형태가 비슷하여 혼동하기 쉽다. 그러나 각 차이점이 있는 만큼 이해하고 각자 자신만의 쓰임새에 맞게 선택하면, 친구나 가족과 함께 추억을 쌓을 수 있는 멋진 장소가 될 수 있다.

로톤다

서양식 조경 특히 이탈리아식 조경의 경우 휴게공간으로 로톤다를 설치한다. 열주가 원형, 타원형으로 늘어서 있고 지붕이 돔형으로 되어 있는 시설물로 대리석이나 화강석으로 열주를 제작하며, 같은 재료로 돔형 지붕을 만들거나 단조철물로 돔형문양 지붕을 만들어서 설치한다.
1. 그리스, 로마 신전의 도리아 형식으로 열주 기둥 위에 각종 문양과 인물 조각들이 들어가는 프리즈가 있고 그 위에 아치형 지붕이 올라가는 형식이다.
2. 서양식 주택의 조경에 잘 어울리고 이국적이고 품격 있는 경관을 연출하기에 좋은 시설물이다.
3. 바닥 포장도 로톤다와 동일한 재료의 석재를 사용하면 더욱더 경관미를 부각할 수 있다.

기타 참고사항

01 전원주택에서 대형 휴게시설은 경관의 중심이 되므로 설계 시 전원주택 건축의 양식, 조경의 양식에 맞게 선택하고 하부의 포장재, 추가 시설물, 경관 조명, 조경 소품 등을 잘 어울리게 설치하여 용도에 맞는 편의와 경관적 아름다움을 구현해야 한다.
02 목재의 경우 주기적인 방부 및 도색으로 유지 관리하여야 하며, 철재는 방청 도장을 주기적으로 실시하여야 오랫동안 시설물의 기능과 경관미를 유지할 수 있다.

04_ 소박하고 아담한 사모지붕 초가정자, 정자 둘레에 흐르는 인공개울과 기와 담장, 산수유와 진달래가 어우러져 고즈넉한 향토미를 풍긴다.
05_ 정원의 전망 좋은 위치에 창과 문을 설치한 차단형 육각정자, 심신의 휴양을 위한 공간으로 정원의 품격을 높여준 단아한 한식 정자다.

01_ 너와를 얹은 두 겹의 팔각지붕 가제보 주변에 데크, 벤치 등 시설물을 통합하여 개성 있는 디자인으로 예술성을 한층 높인 서양식 정자다.

02_ 아스팔트슁글 팔각지붕으로 주택과 일체감을 준 팔각 가제보, 정원을 완상하기에 좋은 위치에 배치하였다.

03_ 자연목을 그대로 살린 도랑주에 너와지붕을 얹은 사각정자, 자연재료로만 만들어 농촌풍경에 더욱더 잘 어울리는 원두막 형태의 정자다.

04_ 메밀밭을 가로질러 도랑주에 너와지붕을 올린 사각정자로 원두막의 투박하고 자연스러운 분위기가 메밀밭의 정취를 더욱 고조시킨다.
05_ 잔디 위 달빛 어린 소나무의 그림자가 드리워지는 정원, 원두막 형태로 만든 두 개의 정자가 훌륭한 첨경물로 운치를 더한다.
06_ 창덕궁 부용정을 그대로 옮겨놓은 듯한 십(十)자 형태의 관정헌, 건물의 반을 연못 위에 들여 마치 물 위에 떠 있는 듯한 기품 있는 전통정자다.

01

02

03

01_ 창덕궁 후원의 관람정, 유일하게 둥그스름한 부채꼴 모양의 기와지붕 정자로 건물 일부가 물 위에 떠 있는 독특한 모양이다.

02_ 우러러 그리워하는 곳, 앙지대는 육각지붕이고 높은 곳에 위치해 바로 아래에 흐르는 임진강뿐만 아니라 멀리 북한의 모습까지 볼 수 있다.

03_ 명원민속관 녹약정은 방 하나를 품에 안고 두 발을 물에 담그고 있는 모습으로, 겹벚꽃과 소나무, 연못과 정자가 어우러진 경관미를 보인다.

04_ 금속기와 지붕과 4분합 세살문을 단 차단형 사각정자, 관목과 조경석으로 꾸며 경관을 살린 한식 정자다.

04

05_ 북한강을 시원하게 조망할 수 있는 곳에 설치한 철제 가제보, 서양정원에서 많이 볼 수 있는 시설물로 디자인이 다양하여 선택의 폭이 넓다.
06_ 건물과 독립적으로 설치한 반도형 목재데크 위에 차단형 가제보를 설치해 차와 바비큐 파티를 위한 공간으로 활용한다.
07_ 반영구적인 철제 가제보는 원하는 디자인을 키트로 구매하여 DIY로 자가 설치도 가능한 실용적인 정원의 첨경물이다.
08_ 철과 알루미늄 재료로 만든 철제 가제보, 서해의 바다 빛과 황토주택의 따스한 황톳빛이 어우러진 야생화 정원에 설치한 서양식 정자다.
09_ 저수지 속으로 떨어지는 석양을 바라보기 좋은 곳에 트랠리스 지주에 아스팔트쉬글 지붕을 올려 지은 아담한 가제보다.
10_ 카페 입구에서 종탑까지 연결한 긴 데크 위에 수제난간을 짜맞춤하여 세우고, 목재로 만든 파라솔 형태의 쉼터를 곳곳에 설치하였다.

01_ 입구에 덩굴식물을 심을 목적으로 파고라와 원통형 철망 구조물을 세웠다.
02_ 알루미늄이나 철재로 구조물을 세우고 자동개폐장치를 달아 필요에 따라 지붕을 열고 닫기를 조절할 수 있도록 현대기술을 접목해 설치한 가제보다.
03_ 석축 위 전망 좋은 곳에 얇은 틀을 지붕으로 올린 파고라(pergola)를 설치하여 휴게공간의 그늘을 위해 덩굴식물을 키울 수 있게 했다.
04_ 수로를 중심으로 좌·우에 등나무를 위한 긴 파고라를 세워 정원을 장식하고 벤치를 놓아 휴게공간을 마련하였다.

05_ 포멀가든과 잉글리쉬가든 사이의 산책로에 덩굴장미를 위한 파고라 형태의 구조물을 설치해 만든 장미터널이다.
06_ 대문을 대신하여 간단하게 세운 아치형 목재 트랠리스다.
07_ 정원이 이어지는 길목에 헤링본 패턴으로 마감한 붉은 벽돌 포장, 그 위 아치형 목제 파고라를 설치해 노란 덩굴장미를 올렸다.
08_ 텃밭 입구에 세운 돌하르방 문지기, 아치형 트랠리스에 덩굴장미와 클레마티스가 탐스럽게 타고 올라 정원 분위기를 화사하게 주도한다.

01_ 쇄석 포장한 출입구에 간결하고 실용적인 아치형 철제 파고라를 설치해 대문을 대신한다.
02_ 현관 입구에 철제 아치 파고라를 설치해 덩굴장미 등 덩굴식물을 올리는 용도로 이용하고 있다.
03_ 덩굴식물을 위한 철제 식물지지대를 세워 중문으로 사용한다.
04_ 숲속으로 향한 산책로의 전망 좋은 자리에 돔형 단조 파고라를 세우고 테이블을 놓아 만든 쉼터다.

05_ 장미꽃으로 화려하게 뒤덮인 아치형 단조 식물지지대, 정원에 입체적인 아름다움을 연출하기 위해 많이 쓰는 조경 구조물이다.
06_ 터널형 파고라를 길게 설치하고 천장에 페튜니아 화분을 매달아 시각적인 즐거움을 주는 화사한 공간연출이다.
07_ 터널식 철제 단조 파고라를 세우고 곳곳에 벤치를 놓아 덩굴식물 지지대 겸 휴식공간이 있는 산책로다.

01_ 가까이서 정원 풍경을 완상하며 편히 쉴 수 있게 만든 목재 평상이다.

02_ 넓은 잔디마당의 느티나무 그늘 밑에 암석원을 조망할 수 있는 평상을 놓았다.

03_ 그늘을 드리운 큰 단풍나무 밑에 걸터앉아 편히 쉴 수 있는 널찍한 평상 휴식공간이다.

04_ 건물 옥상에 놓은 평상, 전면의 북한산 전경이 생생한 한 폭의 그림으로 다가오는 전망 좋은 쉼터다.

05_ 원형 대리석 열주와 단조철물로 만든 돔 지붕의 조형미가 돋보이는 로톤다로 팔각 연못 주변의 첨경물과 조화를 이루며 정원의 경관을 주도한다.
06_ 파르테르 화단으로 정형화한 예각진 정원의 중심부 로터리에 서양식 주택 조경에 잘 어울리는 로톤다를 설치해 포인트를 주었다.
07_ 이탈리아식 로톤다 아치형 원형정자로 상부는 돔 형태로 이국적이고 품격 있는 경관을 연출하기에 좋은 시설물이다.

10

연못과 수경시설

Ponds and Water landscaped facilities

◀ 위로부터 계류, 연못, 수영구역, 정화구역으로 구성하여 물의 순환이 자동으로 이루어지도록 물순환시스템을 갖춘 숲속의 생태연못이다.

연못과 수경시설

Ponds and Water landscaped facilities

수경시설은 일반적으로 분수, 호수, 인공폭포, 인공계류, 벽천, 생태연못과 같이 물을 이용하여 만든 시설물을 말한다. 근원적으로 인간이 물에 대해 느끼는 친근감으로 인하여 잘 꾸며놓은 연못이나 수경시설은 사람들에게 그 무엇보다도 더 큰 호감을 주고 시선을 끌게 된다. 정원의 디자인적인 면에서도 물 요소를 끌어들임으로써 시원함, 습기, 반짝임, 빛, 깊이, 고요함 등 물에서만 얻고 느낄 수 있는 효과를 얻어 더욱 매력적인 정원 경관을 연출해 낼 수 있다. 수경시설 가운데서도 가장 많이 볼 수 있는 연못은 첨경물 그 이상의 가치가 있다. 수생식물이나 물고기들이 살아가는 자연환경의 생태적인 기능뿐만 아니라, 정신적으로도 차분하고 평온한 감정을 불러일으켜 사람에게는 매력적인 휴식공간이 된다. 주변의 자연환경과 지형, 정원면적, 건축양식, 거주자의 생활문화와 취향 등을 고려해 다양한 형태로 균형감 있게 조화를 이룬 수경시설을 들이면 정원에 더욱더 깊은 경관미를 부여할 수 있다.

아득한 계곡 속, 원경의 아름다움이 펼쳐지는 정원 비탈길에 대나무 숲을 배경으로 조경블록을 이용해 아담한 벽천을 만들었다.

연못의 형태

연못의 형태는 건축양식에 따라 정형식 연못, 자연식 연못으로 구분하고, 계류도 정형식 계류와 생태계류로 구분한다. 자연의 아름다운 부분을 자연 그대로 축소해 연출하는 자연식 연못은 소박한 한식 건물이나 정원에 적절한 형태로 전통의 멋을 풍기는 매력이 있다. 한편 세련된 아름다움과 화려함을 지니고 있는 정형식 연못은 원이나 사각형, ㄷ자, ㄱ자 등 기하학적인 형태로서 도시적이고 현대적인 양식 정원에 잘 어울린다. 좁은 공간에 실용적인 면을 최대한 살려 손쉽게 만들 수 있음과 동시에 넓은 정원에도 묵직한 중량감을 줄 수 있어 정원에 맑고 아름다운 이미지를 연출할 수 있다.

연못의 크기

연못의 크기는 정원의 크기에 맞춰 결정되는 부분이지만, 연못 내의 물고기나 수초들을 고려하여 기본적으로 표면적이 4.5㎡(3×1.5m의 직사각형, 지름 2.4m의 원형)는 되어야 한다. 연못의 최소한의 수심은 60㎝가 되어야 하고, 물고기와 식물이 잘 살 수 있도록 75㎝ 정도 이상이 되어야 하므로 60~90㎝가 적당하다. 연못의 수면은 최고 수위와 장마를 고려하여 지표보다 6~10㎝ 낮게 설계하며, 비가 올 때도 일정한 수위가 유지되도록 위 가장자리로부터 10cm 아랫부분에 여분의 물이 빠져나갈 수 있도록 월류구(Over-flow)를 설치한다.

연못 설치의 기본원리

아래 연못 설치의 구조도는 주택 연못에서 가장 기본이 되는 사례이다. 물을 원하는 높이까지 끌어올리고 아래 생태연못과 고저 차를 주어 계곡의 물흐름을 자연스럽게 만들어 준다. 겨울에는 물고기가 동면할 수 있게 지면에서 120㎝ 이상 되는 구덩이를 만들고, 배수용 하수관 열림밸브, 오버플로어 등을 설치하여 순환시스템을 만든다. 상단에는 다양한 수생식물을 식재하여 관상할 수 있게 한다.

① 관은 PVC파이프로 50~100mm 정도면 적당하다.
② 물을 원하는 높이까지 올리기 위해서는 펌프가 필요하고 관으로 연결하여 올린다.
③ 아래 생태연못과 고저 차를 주어 자연적으로 산소를 발생시킬 수 있도록

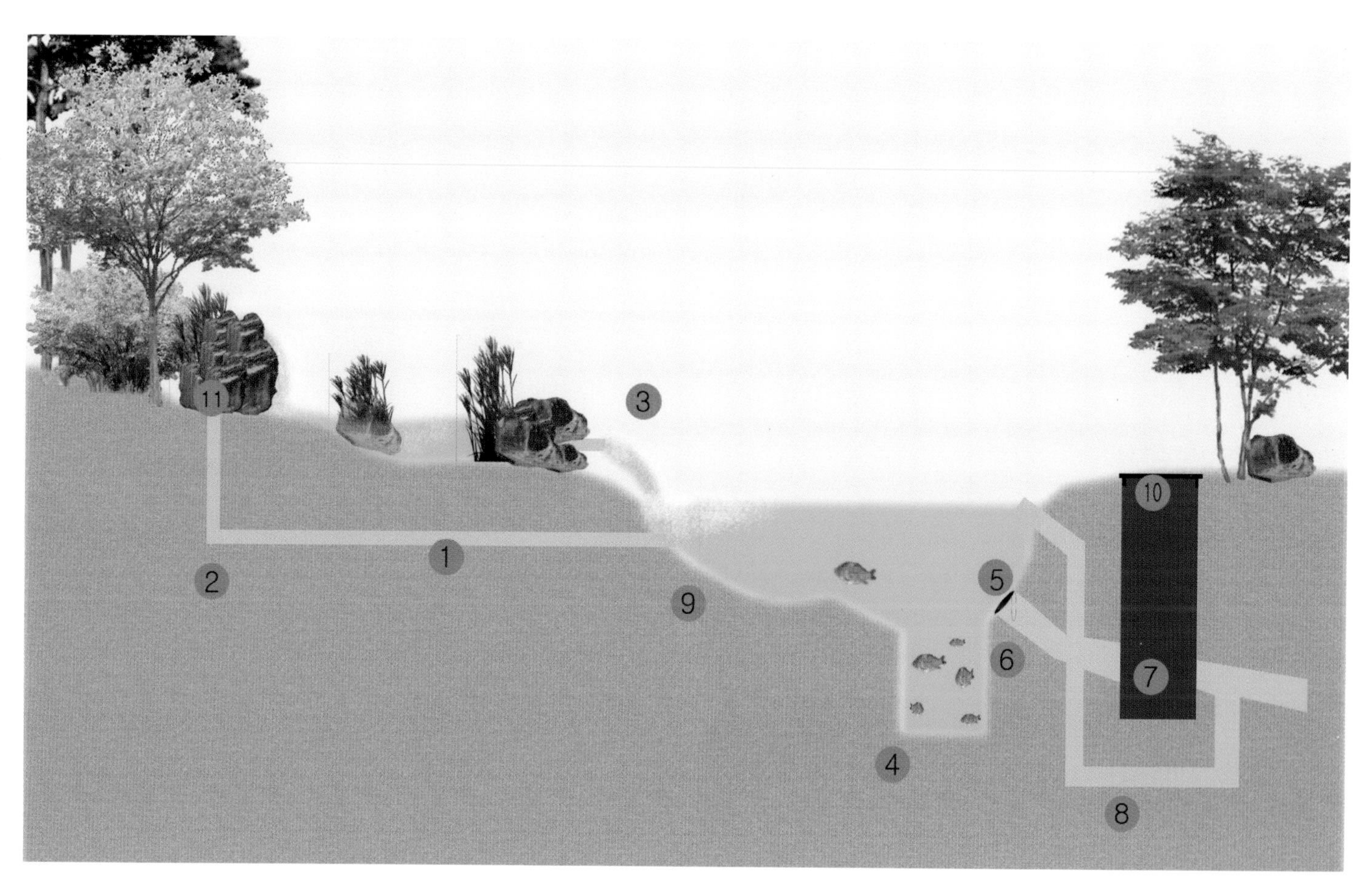

연못 설치의 기본 구조도

01_ 반원형으로 곡선의 부드러움을 강조하여 디자인한 화단과 수공간의 감성이 흐르는 미니 벽천이다.

02_ 산의 물길을 돌려 계류를 형성하고 자연석과 조경수, 수생식물 등으로 연출하여 자연미를 살린 연못이다.

03_ 자연스럽게 쌓아 올린 석축에 맞대어 형성한 자연식 연못, 주변에 관목과 초화류의 틈새식재로 시원한 물줄기와 함께 정원의 주된 경관을 이룬다.

물흐름을 만들고 상단에는 여러 수생식물을 식재하여 관상할 수 있게 한다.
④ 물고기가 동면할 수 있게 만든 구덩이로 지면과는 120㎝ 이상이면 어느 정도의 겨울 추위도 견딜 수 있다. 자칫 깊이가 깊어 구덩이가 문제가 된다면 안전 지지대를 끼우거나 항아리 등으로 어종이 월동할 수 있게 한다.
⑤ 거름망으로 나뭇잎이나 기타 이물질이 끼지 않도록 한다.
⑥ 하수관으로 PVC파이프를 사용하고 관 지름은 75mm 정도면 된다.
⑦ 배수용 하수관 열림 밸브를 원하는 수위로 조절하여 설치한다.
⑧ 오버플로어라고 하는데, 일정 수위에 맞춰 놓고 여름철 장마나 기타 물이 유입되면 일정한 수위로 조절할 수 있는 장치이다. 연못에 설치한 그릇 뚜껑처럼 생긴 부분이다
⑨ 하단은 두꺼운 비닐로 그 위는 방수용 비닐을 깔고 방수용 비닐 위에는 황토와 자연석을 이용하여 마감한다. 방수의 문제가 있을 수도 있음으로 방수시멘트로 바닥하고 그 위에 황토와 자연석 마감을 해도 좋다.
⑩ 보통 재수변이라고 하는 것으로 청소나 고장, 기타 이유로 강재 배수를 할 때 사용한다.
⑪ 물 분출구를 바위 틈새로 설치하면 계곡의 물흐름을 만들 수 있다.
⑫ 급수라인은 기존 수로를 사용할 수도 있고 없는 경우는 따로 급수관을 설치한다.

연못의 관리 방법

장기적으로 연못을 관리하기 위해서는 적절한 수량의 물이 공급되어야 하고, 연못 내부의 물흐름도 필요하므로 분수나 수중모터를 이용한다. 겨울을 지나 따뜻한 봄날이 다가오면 연못 관리를 시작해야 한다. 수온이 12℃ 이상일 때 봄 청소를 시작하는 것이 좋으며 가장 먼저 나뭇잎이나 썩은 수초를 제거한다. 다음으로는 연못물의 약 1/2을 교체하여 주고 동시에 찌꺼기를 제거하면 된다. 무더운 여름에는 수질을 점검하고 가을의 수초 관리와 겨울에 물고기의 동면을 준비한다. 계절별로 관리 포인트를 소개한다.

1. 봄

1) 물의 순환을 증가시킨다.
2) 물고기를 키우고 있다면 온도가 10도 정도를 유지할 때에 먹이를 주기 시작한다.
3) 봄에 연못을 청소해 준다.

2. 여름

1) 비료를 주는 것을 잊지 않도록 한다.
2) 연못에 뜬 썩은 잎이나 죽은 잎을 제거한다.
3) 물고기가 있다면 먹이를 잘 준다.
4) 공기를 최대로 공급한다.

3. 가을

1) 잎이 떨어지기 전에 연못에 그물을 친다. 연못에 떨어진 나뭇잎을 모으는 것보다 잎이 밖으로 떨어지는 것이 관리하기에 편하다.
2) 수련이나 붓꽃 종류를 포기나누기하기 좋은 시기이다.
3) 일년초는 썩어서 지저분해지기 전에 연못에서 제거한다.
4) 내한성이 강한 식물들이 성장을 멈춘 후에는 잎을 잘라낸다.
5) 수온이 섭씨 4~5도까지 내려가면 물고기 먹이 주는 것을 중단한다.
6) 수온이 섭씨 4도까지 내려가면 연못 내 물의 순환을 줄인다.

4. 겨울

1) 펌프를 끈다.
2) 관을 통하는 물을 배수시킨다.
3) 물을 연못 깊이의 반 정도로 줄인다.

04_ 철쭉, 남천, 애기동백 등을 열식하여 배경을 만들고 벽천이 흐르는 작은 연못을 만들어 정원의 입체적인 경관미를 연출했다.
05_ 산에서 흘러내리는 자연수를 받아내는 연못, 작지만 물속에서 한가로이 노니는 물고기에게는 완벽한 환경의 생태연못이다.

01_ 자연의 축소판 산수분경을 연출한 암석원, 그 사이를 자연스럽게 흘러내리는 물줄기 아래 각종 수생식물이 어울려 정원 경관의 절정을 이룬다.

02_ 나무, 돌, 물, 야생화 등 자연 소재로만 만든 산수분경, 깊은 산중의 폭포가 흘러내리는 듯한 생동감을 전해주는 자연스러운 연못이다.

03_ 경사지 아래 작은 연못으로 두 면은 자연식, 두 면은 정형식으로 조성하여 변화감을 이끌어낸 연못 디자인이다.

연못의 공법과 마감재

연못의 설치는 먼저 건물의 입지와 지형, 토양의 성질에 따라 위치와 형태를 정하고 공법과 마감재를 선정하여야 한다. 소재의 차별화와 독창적인 디자인으로 건물과 조경을 조화시켜 경관미를 부여하여 조경 가치를 향상할 수 있다.

1. 연못의 공법

연못의 위치, 형태와 크기가 결정되었다면 공법을 선정한다. 기존 토양이 점토라면 원하는 형태로 터파기를 한 후 점토를 충분히 다짐하여 두께 20cm의 방수층을 만든다. 기존의 계류가 있는 곳이라면 부분적 가감을 통해 유역의 모양과 유속을 조절하면 된다. 원지반이 점토가 아니라면 벤토나이트공법이나 콘크리트 액체방수공법, 방수시트공법으로 수조를 만들 수 있다. 터파기는 방수층의 두께를 고려하여 시공 후 완성된 모습을 기준으로 적절한 추가 터파기를 해야 한다.

2. 연못의 마감재

연못의 마감재는 아주 다양하여 특정하기 어렵지만, 호화로운 대리석에서부터 보통의 자연석, 시멘트, 나무, 흙, 석고, 도자기, PVC 등을 이용하고 있다. 생태적 자연형이라면 점토와 사질양토를 방수시설 위에 전면, 또는 부분 포설하고 왕사, 강자갈, 호박돌, 조경석, 경관석 등을 배치하여 경관을 꾸민다. 자연형 벽천은 자연석을 사용하여 낙차를 정하고 낙수의 위치와 방향을 정하며, 낙수의 비말 범위를 고려하여 설계한다. 정형적 수경시설이라면 마감재를 각종 석재와 타일류, 전돌, 벽돌류, 컬러자갈, 규사, 왕사 등을 사용한다.

기타 참고사항

01 연못의 가장 큰 문제인 녹조는 날이 더워지기 시작하는 4월부터 발생한다. 수질 관리에 의한 녹조 방지가 최상의 방법으로 현재 상태의 녹조를 제거하고자 한다면, 광합성에 필요한 햇빛은 최대한 차단해주고, 외부로부터 물을 공급하여 연못 내 물을 교환해주면 좋다.

02 계류의 경우, 유량과 유속 등을 고려하여 유역과 수심을 정하는데, 장마철 배수를 반드시 고려하여 설계 후 시공하여야 하며, 건기의 담수 수위와 관리계획을 세워야 한다.

03 수경시설은 침실에 인접하여 설치하지 않는 것이 좋으며, 주간에 거주자가 정주하거나 접객하는 곳에 배치하고, 형태는 지형과 건물의 배치 등을 고려하여 조절한다. 건물에 직접 인접하여 시공할 경우 안전을 위하여 그 깊이는 최대 40cm를 넘지 않는 것이 좋으며 접근 차단 시설을 설치하여야 한다.

04 수경시설에 분수나 와류, 벽천 등 다양한 수경 연출을 계획하고 있다면 방수시설 전에 해당 설비의 관로나 펌프, 노즐 등의 기계설비, 정화시설, 조명시설 등을 시공하여야 한다. 방수 시에는 각종 수경설비와 정화시설의 연결 부위를 꼼꼼하게 처리하여 누수를 방지하여야 한다.

05 수경시설의 첨경물은 다양한데 계획 개념과 거주자의 취향에 따라 각종 조형물, 토수구, 벽천, 분수, 조명 및 음향시설(음악분수) 등을 사용한다. 이는 초기 수경시설 설치 계획과 설계 시에 결정하여야 방수공사 전에 선행되어야 할 부분을 놓치지 않고 시공할 수가 있다.

06 그 외에 수경시설과 연결된 소규모의 파고라나 쉘터, 각종 의자 등 휴게시설의 설치와 석재다리, 목재다리, 징검다리와 디딤돌 등을 추가 설치하여 이용의 편의성과 경관미를 높일 수 있다.

04_ 정형 계단식 인공연못으로 단마다 식생이 다른 수생식물을 키우고, 주변에는 화기가 긴 꽃양귀비와 제라늄으로 화색을 더해 조화를 이루었다.
05_ 호박돌로 테두리를 강조하고 오작교를 가로 놓아 조성한 원형 연못, 위단의 테크와 다리에서 반짝이는 물빛과 물고기의 노는 모습을 즐길 수 있는 수공간이다.

01

01_ 마당 한쪽에 조성한 자연식 연못, 시원한 물줄기로 정원에 생동감을 부여하고 주변에 화초류와 화목들을 심어 편안함이 느껴지는 수공간이다.
02_ 조경블록으로 깔끔하게 마감한 연못, 물레방아를 설치하고 수생식물과 철쭉류, 소품들로 조화를 이룬 원형 연못이다.
03_ 지형에 맞추어 단풍나무 아래에 조성한 연못, 가을이 되면 연못도 붉은 단풍잎과 일체가 되어 멋진 서정적 풍경을 그려낸다.
04_ 길게 뺀 처마 밑을 따라 만든 수공간, 폴딩도어를 열어젖히면 반짝이는 물빛이 내면의 감성을 자극한다.
05_ 데크 계단을 내려가면 만나는 작은 연못과 장독대의 항아리, 정원의 경관을 더해주는 훌륭한 첨경물이다.
06_ 자연석의 색감과 형태를 고려한 도형미가 돋보이는 연못으로 후르츠세이지가 한창인 연못 옆에는 데크 쉼터가 설치되어 있다.

02

03

04

05

THE GREEM
06

01_ 반원 형태의 미니 벽천, 부정형 자연석으로 주변을 둘러 마감하고 위단에는 작은 암석원을 꾸며 경관을 연출했다.

02_ 각양각색의 장방형 돌로 간결하게 만든 정형식 연못, 가지를 드리운 사간 소나무와 수생식물, 돌계단을 타고 흘러내리는 변천이 조화로운 수공간이다.

03_ 대나무숲이 있는 후정에 만든 장방형의 연못, 옥향과 수련만으로 연못의 내·외부를 장식한 간결한 수공간이다.

04_ 기하학적 입체감을 보이는 파고라 안에 방형의 연못을 설치하고, 경관석과 식물을 절제감 있게 심어 예술성을 높인 공간 연출이다.
05_ 오염된 물을 정화하는 기능을 갖춘 9.5m×15.5m의 장방형 생태연못과 벽천, 수질 정화용 식물, 목재 시설물과 오브제로 아름답게 연출한 연못 경관이다.
06_ 산에서 흘러내리는 자연수를 담아낸 연못, 주변에 넓은 데크를 만들어 특별 이벤트를 위한 무대 겸 휴게공간으로 사용한다.

01_ 용이란 뜻의 '미르폭포', 연못 위에 곰솔 다섯 그루를 심어 마치 용이 승천하는 듯한 모습을 연출한 눈에 덮인 연못 설경이다.

02_ 식물의 월동을 위해 만든 온실이 있고, 카페 어프로치 옆으로 지형을 이용하여 정원수 공급원으로도 가능한 2단 연못을 만들었다.

03_ 산 속의 자연수가 흐르는 2단 연못을 만들고 꽃잔디 틈새식재와 두루미 소품 등으로 연못 주변을 꾸몄다.

04_ 전통방식으로 조성한 '미르폭포'로 주변 숲과 조화를 이룬 한 폭의 동양화 같은 신비스러운 분위기의 연못이다.

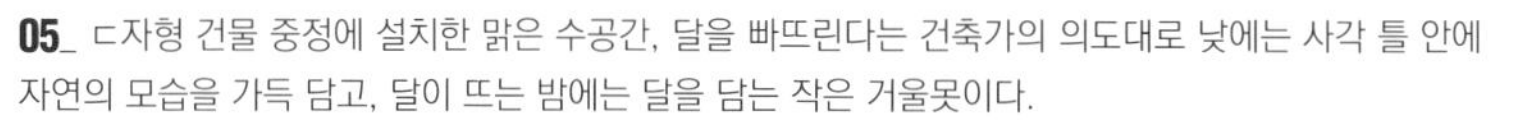

05_ ㄷ자형 건물 중정에 설치한 맑은 수공간, 달을 빠뜨린다는 건축가의 의도대로 낮에는 사각 틀 안에 자연의 모습을 가득 담고, 달이 뜨는 밤에는 달을 담는 작은 거울못이다.

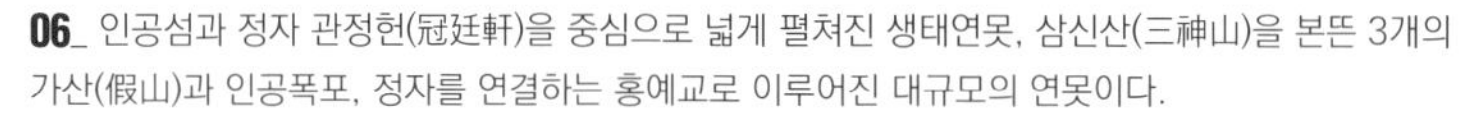

06_ 인공섬과 정자 관정헌(冠廷軒)을 중심으로 넓게 펼쳐진 생태연못, 삼신산(三神山)을 본뜬 3개의 가산(假山)과 인공폭포, 정자를 연결하는 홍예교로 이루어진 대규모의 연못이다.

01_ 고즈넉한 한옥과 사계절 끊임없이 변화하는 아름다운 풍광을 물속에 담아내며 감상의 깊이를 더해주는 전통한옥 마당의 거울못이다.
02_ 정원 한가운데 자리한 홑처마 팔작지붕의 정자 '함월정'은 계절 따라 변하는 연못을 감상하며 풍류를 즐길 수 있는 고즈넉한 정자다.
03_ 연못에 투영된 청암정의 풍경은 또 하나의 선경이다. 전통정원의 참모습을 느끼게 하는 아름다운 연못이다.

04_ 자연석으로 축대를 쌓아 형태를 만들고 너른 자연석 평석교, 물확, 석기둥 등 다양한 석물 점경물로 연못의 경관미를 높였다.

05_ 산중 계곡을 끼고 인공적으로 조성한 정원 내 물길을 따라 만든 계류와 넓은 연못, 그 안에 설치한 물레방아와 분수가 연못의 포인트다.

06_ 누마루 아래에 아담하게 만든 연못으로 물레방아를 돌려 생동감을 더했다. 누마루에서 내려다보는 비단잉어들의 한가로이 노니는 모습은 또 하나의 즐거움이다.

01_ 신한옥 마당에 만든 원형 연못, 돌다리와 몇몇 점경물만을 놓아 공간미를 추구한 한옥 마당의 깔끔한 분위기와 어울리는 수공간이다.
02_ 낮은 와편담장을 배경으로 사고석으로 만든 단순하면서도 강한 이미지를 나타내는 원형 연못이다.
03_ 누마루 밑에 네모반듯하게 구성한 방형 수공간, 마당의 직각 평면디자인과 조화를 이룬 현대한옥과 잘 어울리는 수공간이다.
04_ 안채와 사랑채를 잇는 회랑 앞에 지당을 만들어 와편담장과 함께 깊은 운치가 느껴지는 연못이다.

05_ 성벽처럼 높게 쌓은 자연석 옹벽 사이에 벽천을 만들고, 높고 넓은 건물 벽체 아래에는 물줄기와 고태미가 흐르는 식물들이 자란다.
06_ 카페 마당에서 내려다본 자연석 계류의 디테일한 모습이다.
07_ 사각형 연못 가운데에 원형 섬을 만든 '방지원도(方池圓島)'로 음양오행 사상의 의미가 담긴 정통방식의 연못이다.
08_ 부드러운 강돌로 가장자리를 장식한 맑은 수로, 물 가까이서 생명력을 키워가는 수생식물과 초화류가 싱싱한 생동감을 안긴다.

01_ 서양식 정원에 여인상을 중심으로 대칭을 이룬 수공간을 만들고 미니분수를 설치했다.

02_ 집과 정원, 자연이 한데 어우러진 풍경, 이탈리아 토스카나풍의 건물과 정형식의 대칭으로 이루어진 수공간으로 구성한 서양 스타일 정원이다.

03_ 입구에서부터 정원을 가로질러 길게 인공개울을 형성했다. 정겨운 징검다리, 시원한 물줄기의 생명력이 정원에 한 층 더 생기를 불어넣는다.

04_ 이슬람가든 스타일로 정원 통로에 붉은 벽돌로 대칭 형태의 계단식 계류 연못을 만들고, 좌·우 벽면에는 목판시화액자를 걸어 수공간과 문화공간이 공존하는 특색있는 공간으로 연출했다.

05_ 위쪽에서 아래를 내려다보면 훤히 다 내려다볼 수 있는 계단식 수공간으로 잘 정돈된 분위기의 정원이다.
06_ 자연석으로 만든 계류를 따라 개울물이 흐르고 돌출된 수구를 통해 연못으로 떨어지는 구조이다.
07_ 계류가 시작되는 곳에 조각상을 놓고 식물을 심어 딱딱한 분위기를 부드럽고 자연스럽게 완화하였다.
08_ 비탈진 잔디마당 중앙에 부드러운 곡선미를 살려 연출한 인공계류이다.

01_ 작은 수로를 건너는 디딤돌 하나에도 정성을 담아 스토리텔링을 만들어 내고 있다.

02_ 건물의 콘크리트 벽체와 유리 외피 사이에 내부순환용 개울을 만들고, 조약돌과 바위, 식물로 조화롭게 연출하여 실내의 습도조절 효과와 함께 자연미를 연출했다.

03_ 한옥 마당에 수로를 만들고 자연수를 끌어들여 다시 밖으로 흘려보낸다. 물을 가까이 두고자 하는 사람의 관념적 욕구가 표출된 자연스러운 공간이다.

04_ 황금달맞이꽃으로 가꾼 작은 계류에는 항시 깨끗한 계곡물이 흘러내린다.

05_ 건물 전면에 데크와 레벨을 같이 한 긴 계단식 수반 수공간, 실내에 앉아 잔잔히 흐르는 투명한 물빛 경관을 감상할 수 있는 수공간이다.

06_ 한옥마을의 화강석 포장도로 변에 같은 재료로 일체감 있게 만든 판석 다리와 곡선 수로이다.

07_ 실생활의 편리성을 고려해 텃밭 가까이 우물과 수돗가를 만들어 필요한 물을 공급하고 있다.

08_ 자연석과 맷돌만 사용하여 숲속의 약수터와 같은 분위기를 낸 수돗가 경관이다.

02

01

01_ 계단식 화계 석축 안에 산의 자연수가 통과하는 관로를 삽입해 산중 바위틈에서 떨어지는 낙숫물을 연상케 하는 수공간이다.

02_ 정원 한쪽에 자리 잡은 입식 수돗가, 정원수를 공급하거나 세면대로 편리하게 이용할 수 있도록 디자인하였다.

03_ 옛날에 사용했던 우물을 정원의 첨경물로 그대로 두고 경관을 연출하여 옛 향수를 떠올리게 하는 정감 있는 정원 풍경이다.

04_ 튼 ㅁ자 형태의 안마당 중앙에 식물과 석조물로 꾸민 방형의 아담한 화단과 우물이 있는 한옥 마당이다.

03

04

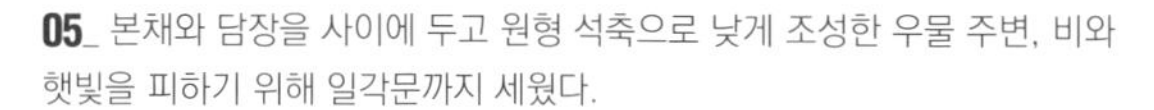

05_ 본채와 담장을 사이에 두고 원형 석축으로 낮게 조성한 우물 주변, 비와 햇빛을 피하기 위해 일각문까지 세웠다.

06_ 우물 정(井)자를 본떠 현대식으로 재탄생한 전통우물, 우물은 정원의 점경물 역할을 하고, 물은 모서리의 작은 수돗가를 이용한다.

07_ 물 순환시스템을 갖춘 벽천과 연못 조경, 정화구역에서 상부로 송수한 물이 벽천을 타고 다시 생태연못으로 흘러내린다.

08_ 연못 한쪽에 튼실하고 구성지게 돌을 쌓아 만든 석벽 위에서 시원스럽게 흘러내리는 인공폭포, 그 아래 노랑꽃창포, 돌단풍, 꽃잔디 등, 물과 돌, 식물이 한데 어우러진 아름다운 생태연못이다.

01_ 입체감 있게 자연석 화계를 만들고 붉은조팝나무, 루드베키아, 데모르 등으로 꾸민 3단 폭포의 수공간이다.
02_ 작은 폭포가 있는 유럽식 원형 정원으로 계절별 초화를 풍성하게 심어 연중 피고 지는 꽃으로 정원은 늘 화사하다.
03_ 장방형의 돌로 입체감 있게 석축과 화계, 수로를 만들고 수목과 꽃으로 경관을 더한 계단식 벽천이다.

04_ 나이테 형태로 화단을 꾸민 정원 한가운데 미니연못과 분수대를 설치한 서양식 정원의 싱그러운 풍경이다.

05_ 석축을 돌려 쌓아 만든 연못에 육중한 야면석(野面石)을 놓고 분수를 설치해 시원한 물줄기를 쏘아 올린다.

06_ 정원 중앙에 설치한 작은 분수와 조화를 이룬 아치형 출입구, 동·서양의 요소를 접목하여 색다른 분위기를 연출한 풍성하고 싱그러운 정원이다.

11

암석원(岩石園)

Rock garden

◀ 돌을 포인트로 듬성듬성 배치하고 사초류를 비롯하여 화기와 화색이 다른 초화류를 혼합식재하여 화려한 볼거리를 제공하는 암석원이다.

암석원(岩石園)

Rock garden

설계한 공간에 크고 작은 바위와 돌을 다양한 형식으로 배치하고 그사이에 고산식물이나 다육식물을 식재하는 자연식 정원으로, 주로 수목한계선 아래에 자생하는 고산식물과 저지대의 건조한 암석이나 모래땅에 서식하는 식물을 식재하는 정원이다. 다양하게 고산지, 척박지 등을 구현한 정원으로 유사하게는 사막이나 모래언덕과 오아시스를 표현한 듄 정원이 있고, 암석과 작은 쇄석, 식물들을 이용해서 만든 일본 고산수식 정원이 있다. 전원주택에서는 자투리 공간과 석축이 많고 세심한 관리가 어려운 공간이 많음으로 암석원의 장점을 응용하여 가뭄과 습해에도 강한 암석가든을 만든다면 활용도가 더욱더 높을 것이다.

자연석을 듬성듬성 놓고 관목류와 야생화로 연출한 비탈 지형의 암석원, 넓은 정원의 여러 테마정원 중 하나이다.

암석원의 구성

1. 돌: 암석원은 전원주택의 부지 내외에 돌이 많이 출토되는 경우 시공의 최적 조건이 된다. 돌이 없으면 전문 취급점에서 별도로 구매하여야 한다. 돌의 종류는 통일하는 것이 좋고, 형태와 크기는 다양하게 사용할 수 있다. 강돌, 산돌, 야면석(野面石), 수석 등이 좋고 무늿결이 좋다면 발파가공석도 사용할 수 있다.

2. 베이스: 돌출되는 돌을 부각하는 피복재로 자갈이나 호박돌, 모래, 규사 등이 사용된다. 특히 모래 종류는 질감과 색감이 돌과 다르므로 암석원의 주된 포인트인 돌을 돋보이게 한다.

3. 식물

1) 고산지대에서 볼 수 있는 주목, 솔송나무 등의 고사목

2) 고산식물: 구름국화, 담자리꽃나무, 돌매화나무, 바람꽃, 산미나리아재비, 산진달래, 애기금낭화, 애기금매화, 월귤나무 등

3) 다육식물: 다람쥐꼬리세덤, 땅채송화, 루페스트리, 리플렉섬, 맥시카넘, 색상귤레, 송엽국, 스프리움, 아크레, 알로에베라, 알붐, 애기솔세덤, 오색기린초, 황금세덤 등

4) 기타 식물: 갈대, 갈사초, 무늬새그라스, 무늬억새, 분홍멀리, 사사, 억새, 털수염풀, 팜파스그라스, 홍띠, 흰줄무늬대사초 등

암석원의 형식

01 고산수식 정원: 일본 료안지 방장정원과 같이 모래를 베이스로 섬을 상징하는 경관미 있는 바윗돌만 소량 배치하거나, 바윗돌 주변에 식물을 소량 가미하여 정원을 꾸미는 형식

02 점형 암석원: 조형미 있는 돌을 독립형으로 듬성듬성 놓아 돌 자체의 아름다움을 관상하게 하는 형식

03 플랜터형 암석원: 목재나 석재로 만들어진 원형, 사각형의 플랜터에 흙을 채우고 돌과 식물을 배치하는 형식

04 대형 암석원: 자연형 장대석을 같은 방향으로 나란히 놓아 화계처럼 꾸미고 식물을 가미하는 형식

05 구릉형 암석원: 여러 개의 구릉을 조성하여 그 위나 아래에 암석을 놓고 식물을 배치하는 형식

암석원 시공 순서

01 부지 정리: 계획된 부지의 형태대로 평탄, 마운딩 등 하부토양을 조성하고 동선을 형성한다.

02 암석 배치: 큰 돌부터 작은 돌 순서로 차례차례 배치한다. 관람자의 시각(View-Point)에 맞게 돌의 미관이 수려한 면으로 맞춰 놓는다.

03 돌 쌓기: 돌을 바닥에서 위로 쌓아 올린다.

04 사질양토 포설: 돌 틈새나 식물이 식재될 곳에 비료가 포함된 사질양토를 채워 넣는다.

05 식물 식재: 돌 틈새나 계획된 곳에 식물을 심는다.

06 지피 피복: 잔돌, 콩자갈, 모래 등 계획한 포장재료로 피복한다.

01_ 숲속 택지에서 출토한 자연석으로 조성한 암석원, 바위 주변에 식물을 심고 정성으로 가꾸어 자연미를 더했다.
02_ 뒤뜰 경사지 계곡의 자연석을 그대로 두고 야생화를 더해 가꾼 아름다운 암석원, 비가 오면 물줄기와 어우러져 경관미는 더욱더 깊어진다.

01, 02_ 데드스페이스를 화단으로 활용하여 경관석을 세워 배치하고 눈향나무 등 관목과 건조에 강한 화초류를 심어 꾸민 출입구의 작은 암석원이다.
03_ 고태미가 묻어나는 자연석 경계를 두른 옥상 암석원, 마치 하나의 풍경 사이에 반영이 생긴 듯 북한산의 차경과 자연스럽게 일체감을 이룬다.

04_ 건물과 건물 사이의 공간에 자연석을 점점이 배치하고 관목과 다양한 초화류를 아름답게 가꾸어 시선이 머무는 정원이다.
05_ 다양한 크기와 형태의 자연석으로 화단 경계를 두르고 군데군데 바위를 놓고 야생화를 심어 조화롭게 연출한 정원이다.

01_ 정원의 절정을 이룬 산수분경 암석원, 가까이 감상하면 심산유곡의 폭포를 보는 듯 빼어난 경관미에 빠져들게 된다.
02_ 고산지대의 높은 벼랑에 늘어져 있는 현애 소나무와 수려한 경관미를 지닌 바위로 구성된 암석원은 조경의 예술성을 유감없이 보여준다.
03_ 마사토 베이스 위에 배치해 더욱 돋보이는 경관석 주변에 키 작은 눈향나무, 무늬둥굴레, 미니철쭉 등을 심어 경관미를 더했다.

04_ 철쭉, 회양목 등으로 풍성하게 가꾼 석축 화단과 육중한 경관석에 화사한 튤립으로 치장한 미니 암석원이다.
05_ 화단에 굵은 마사토를 포설하고 조형미 있는 바위를 점점이 배치해 경관을 연출한 점형 암석원이다.
06_ 경계석으로 배치한 현무암 위에는 건조에 강한 세덤류가 뿌리를 내리고, 산철쭉, 산앵두나무, 명자나무 등이 화사한 꽃으로 배경을 이룬 암석원이다.
07_ 집터에서 수집한 자연석을 어프로치 경사지에 쌓고 낮달맞이, 무늬사초 등을 틈새식재 하여 꾸민 암석원이다.

01_ 화단 아래는 붉은 화산석 송이자갈을 포설하고 위쪽에는 이끼를 덮어 자연미를 더했다. 마치 수석전시관을 방불케 하는 다양한 조경석과 괴석, 분재를 자생식물과 같이 연출한 암석원이다.
02_ 돌과 돌을 연결하여 계류를 만들고 돌 틈 사이에 소나무, 눈향나무, 소사나무, 수국, 꽃잔디, 세덤류 등을 조화롭게 심어 산수분경을 표현한 암석원이다.
03_ 주로 화산석을 쌓아 만든 석부작에 괴목으로 만든 목부작 한 점을 끼워 넣은 격조 높은 암석원이다.

04_ 태고의 비밀을 간직한 듯 신비스러운 멋이 느껴지는 괴석, 병풍처럼 펼쳐진 바위 앞을 수놓은 꽃잔디, 바위틈 야생화들이 경관미를 더한다.
05_ 주정 가운데에 모래를 포설하고 너른 바위를 섬처럼 연출한 고산수식 암석원, 절제된 몇몇 수종만으로 바위의 경관미를 배가시켰다.
06_ 파도에 밀려온 모래사장이 자연스럽게 잔디마당과 합쳐진듯, 마사토 베이스에 오랜 세월 부드럽게 탁마된 너른 바위가 식물과 조화를 이룬 해안가의 아름다운 암석원이다.

01_ 보도에 자연 친화적 우드블록을 포장하고, 송이 화산석 베이스에 암석원을 조성하여 산책길의 경관미를 더했다.

02_ 회색 노출콘크리트 담장 밑에 어두운 색상의 화산석 암석원, 띠를 두른 듯 길게 조성하여 송엽국 등 최소한의 식물만으로 절제하여 돌의 경관미를 부각했다.

03_ 산국으로 샛노랗게 물든 법면을 배경으로 해구석과 다육식물, 야생화로 완성한 미니 암석원이 주변 경관과 조화를 이룬 휴식공간이다.

04_ 구성지게 마감한 석재데크의 한 면을 자연으로 장식한 암석원, 관목과 세덤류, 바위솔, 화초류가 어우러지며 여유로운 공간의 관망 포인트가 되었다.

05_ 자연스럽게 형성된 둔덕과 바위를 그대로 살려 조성한 넓은 암석원, 곳곳에 요점식재한 조경수와 어우러져 아름다운 풍경을 이룬 자연식 정원 풍경이다.

06_ 한옥마을 초입에 암키와를 둘러 만든 화단에 괴석을 우선 배치하고 백두산에서 자생하는 야생화를 심어 교육적인 목적으로 꾸민 조원이다.

07_ 담장 앞, 노송 밑으로 돌을 쌓아 석가산을 만들고 화초를 심어 입체감을 살린 화단이다.

08_ 자연지형에 맞게 조성한 한옥 입구의 암석원, 돌단풍, 물싸리, 섬기린초, 황금조팝나무 등의 메지목으로 자연스러움을 더했다.

12

텃밭

Vegetable garden
(Kitchen garden)

◀ 전체 텃밭을 1~2평의 넓은 두둑으로 구분하여 상추, 열무, 파 등 채소를 재배하며 돌려짓기할 수 있도록 구획 정리를 하였다.

텃밭

Vegetable garden (Kitchen garden)

텃밭은 사람들의 소비에 유용한 작은 크기의 야채나 과실수, 허브 등 식용작물을 재배하기 위한 정원으로 미적 목적을 위해 존재하는 화단과는 대조된다. 여러 개로 구획하거나 행이나 종으로 토지를 구분하여 각 구획에서 하나 또는 두 가지 유형의 식물을 재배한다. 화단과는 별개의 공간으로 마당의 자투리땅이나 대개는 부엌과 가까운 뒷마당에 만들어 편리하게 이용한다. 하지만, 종종 채소만을 가꾸는 농장 형태를 벗어나 기하학적 무늬에 기초한 디자인으로 구조화된 정원 공간으로 흡수하기도 한다. 텃밭은 어떻게 디자인하고 가꾸느냐에 따라서 정원의 미적 경관을 더해 사계절 풍경의 중심적인 특징이 될 수도 있고, 관리 부족으로 보잘것없는 채소밭으로 자칫 정원의 경관을 해칠 수도 있다. 오늘날 환경오염이 심각해지면서 많은 사람이 가족의 건강한 식단을 위해 유기농 원예에 높은 관심을 보인다. 무공해 유기농 원예는 현대인들에게 점점 더 인기가 많아져 전원주택에서는 텃밭을 가꾸고, 환경이 여의치 않은 도심 거주자들은 주말농장을 찾아 채소밭 가꾸기에 눈을 돌리고 있다. 마당에 자투리땅이나 유휴지가 있다면 나만의 텃밭을 만들어 보자. 전원주택에서 맛볼 수 있는 또 하나의 혜택과 즐거움을 찾게 될 것이다.

정원과 같이 넓게 조성한 텃밭, 길게 횡으로 가지런히 만든 밭이랑에는 각종 채소와 과실, 묘목들이 싱그러움을 자랑하며 탁 트인 또 하나의 정원 경관을 이룬다.

텃밭 만들기

1. 위치 및 규모: 텃밭은 주택의 현관에서 될 수 있는 한 가까운 곳이 좋고, 햇볕이 잘 들고 바람이 잘 통하는 곳에 있는 것이 좋다. 규모는 재배하고자 하는 채소에 맞게 결정하되 너무 작으면 활용성이 떨어지고, 재배면적이 너무 크면 재배와 관리에 힘이 든다. 가족 수와 소요 채소량을 고려하여 적정규모로 정하는 것이 좋다.

2. 경계재: 경계재 없이 텃밭을 만드는 경우도 있으나, 흙 작업을 하는 중 흘러내림이나 외부 유출로 주변 잔디마당이나 포장재가 오염될 우려가 있음으로 가공목, 경계석, 엣지재, 벽돌, 와편, 자연석, 플랜터 등의 소재로 경계를 만드는 것이 시각적으로도 단정하다.

3. 공구함: 텃밭 재배에 사용하는 손수레, 삽, 쇠스랑, 호미, 네기, 곡괭이, 호스 등 각종 농기구를 보관하는 공구함이나 소형 창고는 텃밭 가까운 곳에 두는 것이 좋다.

4. 급수시설: 재배식물의 급수를 위한 수전도 가까운 곳에 설치한다.

5. 토양: 진흙과 모래 성분이 적절히 섞인 참흙이 좋다. 돌과 잡초, 이물질을 제거하고, 퇴비와 석회를 밭의 전반에 고르게 뿌리고 흙과 잘 섞이도록 뒤집어서 섞어준다.

6. 비료: 비료는 퇴비, 가축분뇨로 만든 유기질비료의 기비와 질소, 인산, 석회, 칼륨 등의 화학비료의 추비가 있다. 기비는 토양이 해동하는 3월 하순에서 4월 중순 간에 하고, 약 2~3주간의 가스 배출 기간을 두는 것이 좋다. 4월 말경 밭을 갈고 모종을 심거나 파종한다. 작물의 발육을 좋게 하고 과실을 충실히 하기 위해서 추비를 한다. 재배하는 작물에 따라 영양소의 요구도가 다르므로 추비는 적합한 비료와 시기를 정해서 준다.

7. 잡초 방지: 파종과 모종 심기 전에 잡초 방지를 위해 이랑에 비닐이나 부직포를 덮고 가장자리를 흙으로 덮어 고정한다.

텃밭 가꾸기 기초

다음은 씨앗 뿌리기부터 텃밭 가꾸기 기초를 소개한다.

1. 씨앗 뿌리기: 씨앗을 넣는 깊이는 씨앗 두께의 3~5배가 적당하다. 씨앗을 뿌린 후에는 흙이 마르지 않도록 물을 흠뻑 주고, 이후에도 가급적 오전에 물을 준다.

2. 솎아주기: 작물에 따라 1~3회 정도 솎음작업을 하고, 무의 경우는 잎이 5매 내외 나왔을 때 마지막 솎음작업을 한다.

3. 아주 심기: 채소는 씨앗을 뿌려 재배하는 직파재배와 모종을 밭에 심는 이식재배가 있다. 아주 심기는 땅 온도가 15°c이상 유지하는 햇빛이 좋고 바람이 없는 맑은 날이 좋다.

1) 직파하기 좋은 채소: 근대, 당근, 마늘, 무, 순무, 시금치, 쑥갓, 아욱, 완두, 우엉, 쪽파, 토란 등

2) 직파와 육묘하기 좋은 채소: 감자, 도라지, 들게, 배추, 상추, 양배추, 오이, 옥수수, 콩, 파, 호박 등

3) 육묘하기 좋은 채소: 가지, 고구마, 고추, 딸기, 미나리, 참외, 토마토 등

4. 이어짓기와 돌려짓기: 돌려짓기는 같은 과에 속하는 작물이나 같은 종류의 식물을 연달아 재배하지 않는 것이 좋다. 바람직한 방법은 잎채소, 뿌리채소, 열매채소를 번갈아 키우는 방법이 좋다.

1) 이어짓기 장해가 없는 채소: 감자, 근대, 당근, 마늘, 무, 상추, 쑥갓, 양파, 옥수수, 청경채, 캐일, 파, 호박 등

2) 이어짓기 장해가 있는 채소: 가지, 고추, 멜론, 브로콜리, 수박, 시금치, 양배추, 양상추, 오이, 완두, 우엉, 참외, 컬리플라워, 토란, 토마토 등

01_ 키친가든 콘셉트에 맞추어 점토벽돌로 깔끔하게 경계를 지어 조성한 텃밭정원, 각 구획에 농작물과 묘목 등을 심어 특징적인 경관을 연출했다.

02_ 채소들의 색채와 질감을 고려한 배열, 허브나 식용 꽃들과의 조화, 블루베리 등의 유실수 등으로 구획하여 아름답게 가꾼 텃밭 정원이다.

01_ 예각 모서리 땅에 장방형 블록 프레임을 여러 개 만들어 채소를 심고, 다른 쪽에는 밭에 직접 과실수를 심는 두 가지 형태로 이루어진 텃밭이다.

02_ 꾀 규모가 큰 전원주택 텃밭에서 전문농업인의 손길이 느껴진다. 이랑마다 기본적인 김치 재료와 다량 소비가 가능한 채소를 심어 농가수익을 올리기도 한다.

03_ 상추, 쑥갓 등 건조한 토양을 싫어하는 작물은 두둑을 낮게 해주고 과습한 토양을 싫어하는 고추는 두둑을 높게 해주는 것이 좋다.

텃밭 작물 선정하기

텃밭이 준비되면 재배하고 싶은 작물을 선택한다. 가족들이 즐겨 먹으며 쉽게 기를 수 있는 상추, 시금치, 쑥갓, 당근, 무, 고구마, 감자, 완두콩, 강낭콩, 토란, 배추 등이 키우기 쉽고 인기가 있다. 토마토, 호박, 가지, 오이, 참외, 수박 등도 노력을 들이면 기를 수 있는 채소이다. 그 외에도 다양한 작물을 재배할 수 있으나 계절과 온도 등 기후에 영향을 많이 받음으로 선택을 잘해야 하고 작물의 특성에 맞게 심는 시기를 정해야 한다.

또한, 면적에 따라서 작은 텃밭은 식물 크기가 작고 재배 기간이 짧은 것이 좋고, 큰 텃밭이면 크기가 크고, 재배 기간이 긴 것을 함께 재배하는 것도 좋다. 이때의 작물 배치는 방향을 보고 남쪽에 작은 것부터 시작하여 북쪽으로 가면서 점점 큰 식물을 심어야 일조량을 고르게 확보할 수 있다. 텃밭은 두 명이 상주해 꼼꼼히 돌볼 수 있는 3~5평이 적당하고, 소가족이면 작목당 규모는 0.5평 내외로 하는 것이 적당하다. 면적에 따라서 알맞은 작물 선정 기준을 소개한다.

1. 소규모(1~2평)

1) 작물 선정 기준: 식물의 크기가 작고, 생산량이 많고, 여러 회 수확할 수 있고, 이어짓기 장애가 없는 채소를 선정한다.

2) 주요 작물: 상추, 시금치, 들깨, 밭미나리, 무, 알타리무 등

3) 참고사항: 생육기간이 짧음으로 정밀관리가 필요하고 지력 소모가 많아 지력 증진에 힘써야 한다.

2. 중규모(3~5평)

1) 작물 선정 기준: 식물의 크기가 크고, 3~5개로 구획하여 돌려짓기하며 가꿀 수 있고, 가족이 좋아하는 채소를 선정한다.

2) 주요 작물: 소규모 주요 작물을 포함하여 고추, 당근, 생강, 옥수수, 완두콩, 배추, 파 등

3) 참고사항: 가족이 선호하는 채소를 선택하여 재배할 수 있고, 구획 별 돌려짓기로 지력 소모와 연작 장해를 극복할 수 있다.

3. 대규모(6~8평)

1) 작물 선정 기준: 6개 이상으로 구획하여 재배할 수 있고, 기본적인 김치 재료와 다량 소비가 가능한 채소를 심을 수 있으며, 지력 회복이 가능한 콩과 채소를 심을 수 있다.

2) 주요 작물: 소·중규모 주요 작물을 포함하여 감자, 강낭콩, 도라지, 마늘, 부추, 토란, 호박 등

3) 참고사항: 월동채소를 포함하여 선호하는 채소의 선택이 폭이 넓고, 장기간 수확할 수 있는 채소 재배가 가능하고, 돌려짓기도 가능하다.

04_ 조경블록으로 단을 높여 경관도 살리면서 마사토를 포설해 물 빠짐이 좋고 관리를 쉽게 한 텃밭으로 고추, 상추, 가지, 토마토, 화살나무 묘목 등이 자란다.

05_ 씨를 뿌리거나 모종을 심는 두둑은 동서 방향으로 햇빛을 많이 받게 하는 것이 좋고, 토양온도와 배수를 좋게 하여 뿌리에 산소공급을 원활하게 하려면 두둑은 15~20㎝ 정도가 알맞다.

01_ 햇빛이 잘 드는 건물 동쪽에 텃밭을 두고 먹거리를 위한 채소를 기르며 소확행의 즐거움을 누린다.
02_ 디자인적인 요소와 공간 활용도를 높인 삼각형 채소밭, 프레임마다 다른 채소를 심어 관리가 쉽고 정원풍경도 살렸다.
03_ 달팽이 모양으로 디자인적인 요소까지 가미한 텃밭, 접근성도 쉽고 채소밭 그 이상의 경관미를 보이는 정원의 볼거리다.
04_ 뒤뜰에 조성한 작은 텃밭이지만, 각종 채소가 알차게 자라고 있다. 소일거리로 무공해 유기농 채소를 길러 가족의 건강도 챙기면서도 땀방울의 의미도 되새기는 공간이다.

05_ 정원 한쪽에 목재 프레임 텃밭을 만들어 각각 채소를 가꾼다. 게스트룸을 방문하는 고객에게 먹거리도 제공하고 수확의 즐거움도 함께 맛보는 일거양득의 체험장이다.

06_ 시원스럽게 열려있는 잔디마당 옆에 대규모로 조성한 텃밭, 목재로 경계를 구획하여 규모 있게 조성한 텃밭에는 각종 농작물을 재배하고 있다.

07_ 목제 플랜터 텃밭, 향과 약초로 쓰이는 허브는 주로 관상용으로 키웠었지만, 이제는 식용으로서의 가치 및 활용도가 매우 높아졌다.

08_ 측정 부뚜막 옆에 있는 작은 텃밭에서 유기농 식자재를 길러 이웃들과 함께 나누고 바비큐 파티도 즐기며 함께 나누는 기쁨을 누린다.

09_ 화단과 연계하여 마사토를 포설하고 와편으로 깔끔하게 경계를 지은 우물 옆의 작은 텃밭, 채소도 가꾸고 정원 경관도 더했다.

13

주차장

Parking lot

◀ 깔끔하게 대리석으로 마감한 대문 앞 넓은 출입구의 주차장으로 주변 조경과 조화를 이룬 공간디자인이다.

주차장
Parking lot

주차장은 가족들이 사용하는 차량의 수와 내방 차량의 수를 고려하여 대수를 결정한다. 위치는 평탄한 부지에 주택으로 진입하는 곳과 거리가 가깝고 우천을 고려하여 설계해야 한다. 옥외주차장을 마련할 경우 소형 승용차 1대의 주차공간은 현행 주차장법 시행규칙을 준용하여 최소 2.3×5.0m는 확보하여야 한다. 만약 지하 차고를 만든다면 여유 폭을 고려하여 넓이 4~4.5m, 길이는 6~7m, 높이는 2.2~2.4m 정도 확보하는 것이 좋다. 건물 내부에 두는 벙커형과 외부에 두는 외부형 주차장 설치 시 주의사항에 대해 알아 본다.

2단 처리한 경사지 아래의 벙커형 주차장, 전동개폐장치를 설치해 현대주택과 조화로운 깔끔한 세련미를 보인다.

주차장 종류

1. 벙커형 주차장

부지나 건물의 지하 또는 1층에 건물과 일체형으로 조성하는 주차장으로 출입구를 제외하고 5면이 막혀있는 형태이며, 후면이나 측면으로 난 문과 통로를 통해 건물로 바로 진입할 수 있게 설계한 주차장이다.

1) 출입문은 목재, 우레탄, 알루미늄복합제 등의 오버헤드형 자동문을 가장 많이 사용한다.

2) 포장은 건축물 공사 시 일체로 시공하기에 콘크리트포장이 일반적이다.

3) 장점은 우천, 강설 등의 기후나 여름, 겨울 온도에도 차량을 보호하고 외부 침입 및 훼손을 막을 수 있는 장점이 있다.

2. 외부형 주차장

부지 내·외부에 별도로 주차장을 조성하는 것으로 경계재나 포장재를 별도로 설치하는 방식, 지붕 구조물을 설치하는 방식 등이 있다.

1) 포장은 차량의 하중을 고려하여 강도와 경도가 높은 것으로 하며, 콘크리트포장, 화강석판석포장, 인조화강블록포장(T80), 점토벽돌포장(T80), 잔디블럭포장, 우레탄포장, 쇄석자갈포장 등이 많이 적용되는데 건물과 주변 공간의 포장재와 연계를 고려하여 선택한다.

2) 경계재는 화강석경계석, 콘크리트경계석, 자연석 놓기, 수목생단, 플랜터, 장식벽 등 다양하게 선택할 수 있다.

3) 지붕은 강우, 강설 등의 기후 및 조류의 분뇨나 낙엽 등으로부터 차량을 보호하기 위하여 설치하는 구조물로 아연도각관+폴리카보네이트로 된 저렴한 것부터 알루미늄, 스테인리스, 목재 파고라까지 다양하다. 또한 주택에서 주차장까지의 이동 통로에도 설치하여 이용자의 통행을 보호하기도 한다.

주차장 설치 시 주의사항

01 주차장은 가로교통의 마찰이 적은 곳에 설치해야 한다.

02 출입구는 주차장의 크기, 차량 회전율, 인접도로와 관련해서 결정해야 한다.

03 폭원은 일반 승용차가 2.3m×5.0m, 장애인 차량 3.3m×5.0m, 트럭 2.3m×6.5m 이상으로 해야 하며, 지붕이 있는 경우는 높이 2.1m 이상으로 한다.

04 바닥의 구배는 배수를 위해 2% 이상으로 하고, 안전을 위하여 17%를 넘지 않아야 하며, 노면은 미끄럽지 않은 재료로 한다.

05 굴곡부는 자동차가 5m 이상의 내변 반경으로 회전할 수 있도록 설치한다.

06 주차대수가 많은 경우 90도 수직 배치나 45도 주차배치를 선택하고, 적은 경우 평행 주차배치를 한다.

07 정지완충장치는 15cm 높이의 고무 재질이나 철재, 목재, 석재 등의 카스토퍼(Car Stopper)를 설치한다.

08 전원주택의 경관미를 살리기 위해 주차장이 건물을 압도해서는 안 되며 주차된 자동차의 높이가 건축물을 은폐해서도 안 된다. 불가피하게 장애가 발생하면 주차시설물의 디자인과 색채를 건축물과 일체화하거나, 주차장 주변에 차폐식재 및 위요식재로 경관을 자연스럽게 완화한다.

기타 참고사항

01 경사진 대지에서는 대지의 단 차이를 활용한 지하 차고를 계획하는 공간 활용이 바람직하다.

02 대지 아래에 주차공간을 만들 때 주차공간의 천장높이는 콘크리트 슬래브의 두께를 포함하여 도로보다 대지면이 2.5~3m이상 높아야 한다.

01_ 케뮤(Kmew) 세라믹사이딩과 징크 외장재를 사용한 현대식 전원주택 1층에 내부와 연계된 깔끔하고 세련된 벙커형 주차장을 설치했다.

02_ 넉넉한 잔디마당 한쪽에 판석과 쇄석을 깔아 넓게 확보한 외부형 주차장으로 태양광 집열판을 지붕으로 대신하고 있다.

01_ 대문을 열면 바로 주차할 수 있도록 도로와 연계하여 보도블록만을 간결하게 깔아 확보한 마당의 주차장이다.

02_ 입구의 모서리 땅을 구획하여 잔디블록을 깔고 환경친화적인 외부형 주차장을 만들었다.

03_ 부정형 경사지를 최대한 효과적으로 활용하여 출입구와 나란히 확보한 주차장, 징크 지붕으로 주택의 지붕과 조화롭게 일체감을 이룬다.

04_ 잔디마당 끝에 지붕과 목구조로만 구성된 삼량가 파고라를 설치하여 주차공간으로 활용한다.

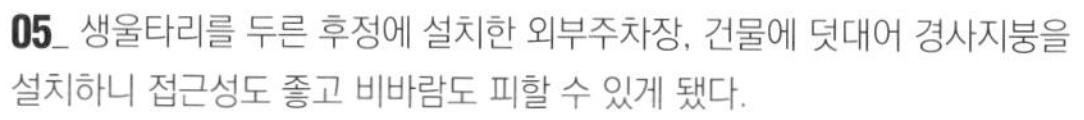

05_ 생울타리를 두른 후정에 설치한 외부주차장. 건물에 덧대어 경사지붕을 설치하니 접근성도 좋고 비바람도 피할 수 있게 됐다.

06_ 현무암 판석 포장으로 정원 한쪽에 깔끔하게 확보한 개방된 주차장이다.

07_ 목구조에 카보나이트 지붕을 올려 만든 넉넉한 공간의 파고라형 주차장이다.

08_ 데크, 잔디마당과 연계하여 입구에 파고라형 주차장을 만들어 출입이 편리한 구조이다.

01

02

01_ 대문을 열면 마주하게 되는 잔디마당을 그대로 활용하고 한쪽에 흰색 주차선만 그어 수평으로 배치한 주차장이다.

02_ 많은 방문차량을 위해 아스콘포장에 2열로 사선 주차배치를 선택한 외부형 주차장이다.

03_ 부식 철판과 붉은 색감의 벽돌을 이용한 인더스트리얼 스타일의 아트 스페이스를 배경으로 전면에 넓게 콘크리트 포장한 주차장을 확보하였다.

04_ 길게 일자로 펼쳐진 9칸 행랑채와 솟을대문 앞 행랑마당의 외부주차장, 깔끔한 석재판석 마감으로 와편담장과 조화를 이룬다.

03

04

05_ 한식대문과 잔디마당에 꽃담을 세운 주차장, 차량이 없을 때는 마당 역할을 대신한다.
06_ 고풍스러운 한식 대문, 나란히 판석과 잔디블록으로 마감한 앞마당의 열린 주차장이다.
07_ 잔디블록 바닥과 꽃담, 사고석 담장으로 둘러쳐진 한옥 대문 옆 외부주차장이다.

14

온실, 성큰가든

Greenhouse, Sunken garden

◀ 온실 좌·우측에 단을 높여 화단을 만들고 기온에 민감한 식물과 조경 시설물들을 들여 볼거리와 휴게공간을 제공한 유리온실 체험관이다.

온실, 성큰가든

Greenhouse, Sunken garden

온실은 4면을 구조물로 막고 지붕을 만들어 햇빛, 온도, 습도를 쉽게 조절할 수 있게 하여 각종 식물을 자유롭게 재배할 수 있게 만든 건조물이다. 추울 때 식물을 재배하거나 추운 지방에서 더운 지방의 식물을 재배할 수 있고, 또한 개화 및 결실 시기를 조절할 수 있어서 속성 재배와 억제 재배가 가능하다. 전원주택에서의 온실은 중부지방의 경우 사계절 꽃과 잎을 볼 수 없는 노천정원의 단점을 보완하기 위하여 아열대, 열대식물을 기르고 관상하기 위해 설치하거나, 겨울철에도 채소와 야채를 지속해서 공급하기 위한 목적으로 설치하는 것이 대부분이다. 대부분 유리로 건조하며 난방시설을 갖춘다. 성큰가든은 건축물이나 대지 내의 지하에 채광이나 개방성을 확보하기 위해 상부를 개방하여 조성한 정원이다. 건축 설계에 따른 공간 연출 방법의 하나로 폐쇄적인 지하에 채광 및 개방감을 부여함으로써 지하의 불리한 조건을 극복하고 고급스럽게 개선된 공간을 연출할 수 있다.

철골조 틀을 세워 지은 2층 유리온실 카페, 외부 차경과 넓게 조성한 실내 식물원을 조망하며 차를 즐길 수 있는 힐링 장소다.

온실

1. 온실의 종류

1) 건축재료에 따른 구분: 틀을 구성하는 재료에 따라 알루미늄, 철조, 목조로 나뉘고 일반적으로 피복제는 햇빛 투과성이 좋은 유리나 비닐로 건조한다.

2) 재배식물에 따른 구분: 화훼온실, 과수온실, 채소온실, 일반작물 온실로 나누고 재배식물에 따라 온실의 높이와 넓이, 난방시설의 위치와 수량 등을 맞게 설치해야 한다.

3) 지붕 모양에 따른 구분: 단면식 온실, 양면식 온실, 부등식 온실, 반원형 온실, 돔형 온실 등이 있다. 전원주택에서는 간단한 구조로 시설비가 적게 들며 보온에 유리한 단면식 온실이나 통풍이 좋고, 각종 작물 재배에 유리한 양면식 온실을 가장 많이 적용한다.

2. 장소의 선택

일조량과 통풍 상태를 고려하여 부지 내 위치를 정하고 겨울의 보온과 여름의 환기 및 냉방이 용이하고 연중 이용을 위해서 남북으로 배치하는 것이 적합하다.

1) 별채형: 전원주택의 건축물과 이격해 별도로 설치하는 방법

2) 전실형: 현관 진입부를 온실로 구성하는 방법. 건물로 진입하면서 각종 색상과 형태의 식물과 꽃을 관상할 수 있는 장점이 있다.

3) 파티오형: 건물의 한쪽 면에 붙여서 온실을 꾸며 거실에서 바로 온실로 통로를 내어 식물을 관상하거나 소형 텃밭을 구성하여 채소를 재배할 수도 있고, 제2의 거실로 접객이나 휴식을 할 수 있다.

4) 옥상형: 건물에 옥상이 있는 경우 전부 또는 일부를 온실로 꾸미는 방법

5) 건물 내부형: 건물의 설계 시 온실을 계획하여 1층이나 2층의 일부를 온실로 시공하는 방법

3. 난방의 방법

난방 방법에도 전열(電熱)난방, 보일러를 이용한 증기난방 및 각종 난로를 이용한 열풍(熱風)난방 등이 있음으로, 온실의 규모와 목적에 따라서 알맞은 방법을 선택해야 한다. 온실을 설치하는 데에는 전문적인 지식이 필요하므로, 전문가들과 상담을 거쳐 목적에 맞게 계획하고 건축하는 것을 권장한다.

4. 급수의 방법

각종 식물을 육성하는 장소이니만큼 관수 및 습도조절 계획은 필수다. 식물의 배치계획을 세운 후 관수시설을 결정한다. 화훼, 과수온실의 경우 온실의 면적에 따라 수전의 개수를 정하여 설치하고, 채소온실을 단층형이나 아파트형으로 구성할 경우, 점적관수 시설과 스프링클러 시설에 타이머를 포함하여 설치하는 자동관수시스템이 유용하다. 컨트롤러를 집안에 설치해두면 편리하게 관수를 통제할 수 있다.

성큰가든(Sunken garden)

성큰가든은 대지보다 낮은 곳에 설치되는 정원인 만큼 채광이 중요하며 그에 따라 적용할 수 있는 식물이 달라진다. 조성할 성큰가든의 환경이 외부정원과 차이가 없다면 적용하는 식물도 동일하게 할 수 있지만, 건물의 북측이거나 일조량이 부족한 곳이라면 그에 맞는 식물로 꾸며야 한다.

01_ 지하실로 연결된 지상보다 한층 낮은 정원으로, 채광이나 통풍이 어려운 지하 공간을 개방하여 불리한 조건을 개선한 성큰가든이다.

02_ 화초 기르기 취미생활을 위한 비닐하우스 온실, 긴 원목 화분대를 설치하여 사계절 각종 다육식물을 기르며 관리한다.

01_ 현대적인 분위기의 넓은 유리온실 2층 카페 입구, 다양한 화분들을 조화롭게 배치하여 프라이빗한 공간 분위기를 연출했다.

02_ 백두대간을 중심으로 아고산지역의 식물들과 세계에서 가장 높은 지역에 서식하는 고산식물들을 수집하여 암석원으로 꾸민 온실정원이다.

03_ 겨울철 식물의 월동을 위해 본 건물과 떨어져 지은 별채형 화훼 유리온실이다.

1. 외벽

성큰가든을 위요하고 있는 외벽 면은 도화지처럼 그 위에 연출할 식물이나 조형물의 배경 역할을 하며, 전체적인 공간의 느낌을 좌우한다.

1) 마감재: 노출콘크리트, 석재붙칠, 목재, 타일, 도장, 석재 등 다양한 마감재를 이용하여 솔리드로 시공하거나 디자인 그래픽 또는 회화적으로 연출할 수 있다.

2) 포인트재: 각종 소재의 부착식 조형물, 벽등이나 포인트등 등의 조명기구, 행잉포트나 제비집 등의 식재 포트 등이 배경 마감재와 함께 효과적으로 선택돼야 한다.

2. 시설물

1) 플랜터: 수목 식재를 위한 녹지조성용 플랜터를 설치한다. 구조적인 플랜터를 원치 않고 넓게 활용하길 원하는 경우는 이동이 가능한 다양한 형태와 색상, 질감의 화분을 활용하면 된다.

2) 휴게 시설물: 공간의 규모에 맞추어 적정한 수량의 의자와 가든 테이블, 선베드, 파라솔 등을 취사선택하여 배치한다.

3) 첨경물: 전체적인 성큰가든의 설계에 알맞은 조각상, 물확, 조형물, 디자인 조명기구, 열주 등을 배치한다.

3. 식재

자연형 정원, 친수정원, 생태정원, 암석원, 포스트모더니즘 정원, 해체주의 정원 등 여러 가지 계획개념 중 선정된 스타일에 맞게 식생을 구성한다. 성큰가든의 특성상 주목, 가문비나무, 너도밤나무, 금송, 굴거리나무, 전나무, 동백나무, 녹나무, 서어나무, 식나무, 눈주목, 회양목, 팔손이, 서향, 자금우, 줄사철 등 음지에 강한 나무를 선택하는 것이 좋다.

4. 기타

북측 면에 위치한 성큰가든처럼 일조량이 부족한 곳에 있으면 일조량을 높이기 위해 외부에 채광판을 설치하는 것도 좋은 방법이 될 수 있다. 그 외에 포장과 배수시설, 관수시설 등도 설계 시 고려하여야 한다.

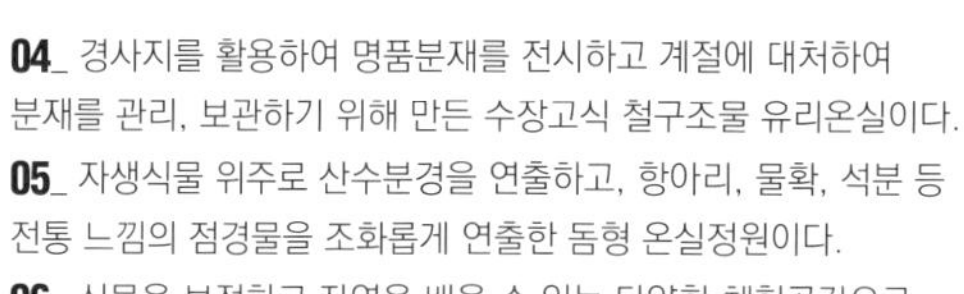

04_ 경사지를 활용하여 명품분재를 전시하고 계절에 대처하여 분재를 관리, 보관하기 위해 만든 수장고식 철구조물 유리온실이다.
05_ 자생식물 위주로 산수분경을 연출하고, 항아리, 물확, 석분 등 전통 느낌의 점경물을 조화롭게 연출한 돔형 온실정원이다.
06_ 식물을 보전하고 자연을 배울 수 있는 다양한 체험공간으로 자연환경에 맞게 구성한 허브 식충식물 온실이다.

04

05

06

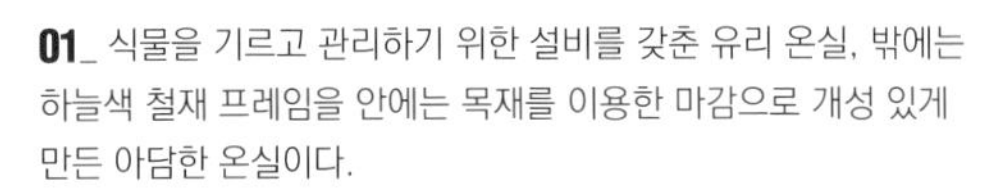

01_ 식물을 기르고 관리하기 위한 설비를 갖춘 유리 온실, 밖에는 하늘색 철재 프레임을 안에는 목재를 이용한 마감으로 개성 있게 만든 아담한 온실이다.

02_ 정원 한가운데에 만든 작은 온실, 평소에는 창고로 활용하다 겨울철에는 추위에 약한 식물들을 들여놓아 관리한다.

03_ 식물들을 키우고 관리하는 반원형 비닐하우스 온실, 다양한 형태의 화단을 구성하여 볼거리와 쉼터를 제공한 실내정원이다.

04_ 다양한 분화와 분재를 진열하는 반원형 온실에 자동관수 시스템을 도입하여 체계적인 관리가 이루어진다.

05_ 실내를 가득 채운 수많은 종류의 야생화와 다양한 분재작품들, 연중 싱그러운 풍성함으로 볼거리가 가득한 비닐하우스 온실이다.
06_ 모던한 스타일의 화훼온실에서 백두산, 히말라야, 알프스 등 고산지역에서 자라는 국내외의 다양한 식물들을 수집하여 전시한다.
07_ 가까이서 자연을 접하며 손님 접대나 식사를 할 수 있는 공간으로 활용하는 중후하고 세련된 분위기의 깔끔한 유리온실이다.
08_ 건물 전면에 블랙 톤의 철재를 덧대어 만든 작은 온실, 폴딩도어로 넓게 개방된 효과를 내어 실내 휴식공간으로 활용하고 있다.

01

01_ 거실 앞으로 온실을 달아내어 선룸으로 사용하는 휴게공간, 사면의 유리를 통해 늘 자연과 가까이 할 수 있는 열린 공간이다.

02_ 긴 테이블과 벤치를 놓고 라탄의자를 매치하여 화사한 분위기로 꾸민 온실 휴게실, 간편하게 물을 사용할 수 있는 간이개수대까지 갖추었다.

03_ 불리한 공간 조건을 개선하기 위해 건물의 한쪽 면에 붙여 만든 온실, 실내뿐만 아니라 건물의 미관까지 더욱 돋보이게 한다.

02

03

04_ 전벽돌 마감으로 한옥과 조화를 꾀한 지하층의 성큰가든, 1층 안마당과 시각적, 공간적인 연계성으로 더욱 개방된 공간미를 부여하였다.
05_ 대지에서 다운된 곳에 만든 성큰가든으로 지하실의 불리한 조건을 개선하여 전시는 물론, 공연까지 가능한 장소로 활용하고 있는 효율적인 공간이다.
06_ 계단과 데크, 잔디와 디딤돌, 수공간으로 이루어진 현대적 분위기의 기하학적 공간연출이 돋보이는 성큰가든이다.

HEIMA.

15

테이블, 벤치, 그네
Garden table, Bench, Swing

◀ 노출콘크리트를 배경으로 사간 조형소나무를 여백미 있게 배치하고 강렬한 이미지의 붉은색 벤치를 포인트로 놓아 연출하였다.

테이블, 벤치, 그네

Garden table, Bench, Swing

정원조경에서 가장 많이 이용하는 휴게 시설물이 테이블, 벤치, 의자, 선베드, 그네 등인데, 이용자와 가장 직접적으로 몸에 접하고 휴게의 기능이 강하므로, 경관을 감상하고자 하는 곳과 휴식이 필요한 곳에 배치하고, 공간의 크기와 요구하는 기능에 따라 선택하여 설치한다. 전원주택의 휴게 시설물은 야외에서 주로 사용하므로 내구성과 안정성을 최우선으로 고려해야 한다. 습기나 온도변화, 자외선 등으로부터 변형 또는 변색되지 않아야 하며, 방부목은 인체에 해로운 물질이 없는 제품을 사용해야 한다.

잘 가꾼 푸른 정원의 잔디밭에 단정한 디자인의 철제 테이블을 놓아 쉼터를 마련했다.

휴게 시설물의 재료

1. 목재 또는 합성목재

목재 휴게시설은 친근하고 질감이 자연스러우며 착좌감(着座感)이 가장 좋은 재료이다. 다만 송진이 나오는 소나무 등을 피하고 참나무 등 무늬가 선명하고 목질이 단단하고 치밀한 것으로 골라 완전히 건조되고 방부 처리한 목재를 사용하는 것이 좋다. 최근에는 하드우드가 가장 많이 사용되고, 시간이 지나면서 마찰로 인한 표면의 변질이나 목재 자체의 변질이라는 단점을 보완하기 위해 합성목재를 사용하기도 한다. 갈색의 원목테이블과 의자 등 시설물은 목재데크와 통일감을 형성하므로 활용성이 높다.

2. 플라스틱

아름답고 퇴색이 되지 않는 윤기 있는 색채를 가지고 있으며, 성형가공이 용이하여 자유로운 디자인이 가능한 것이 장점이다. 다만 깨지기 쉽고 보수가 불가능하여 교체가 용이한 구조로 되어있어야 한다. 다리는 일반적으로 철재가 사용되며 여름철에는 열이 가해져서 착좌감이 좋지 않을 수도 있다.

3. 석재

자연적 무늬를 지닌 석재는 튼튼하고 무겁기 때문에 쉽게 이동할 수는 없으나, 내구성이 좋고 중후한 분위기를 연출할 수 있다. 다만 추울 때 차가움은 석재시설물의 단점이라 할 수 있다. 최근에는 가공기술의 발달로 다양한 디자인으로 가공할 수 있어 공간에 맞는 선택의 폭이 넓은 편이다.

4. 철재

철재 휴게시설은 디자인과 도료의 사용에 따라 색상도 다양하여 고급스럽고, 단정하게 연출하기 좋으나 철재 자체가 주는 차갑고 딱딱한 느낌은 피하기 어렵다. 그래서 앉음판 같은 몸이 직접적으로 닿는 부분에 방석이나 쿠션으로 보완하거나 플라스틱이나 목재로 처리하여 완화하는 방법이 사용되기도 한다.

5. 복합재

근래에는 각 재료의 장단점을 보완하여 복합소재로 디자인된 휴게 시설물이 많이 사용된다. 목재, 철재, 플라스틱, 아크릴, 석재, 개비온 등이 혼용되고 참신하고 미려한 시설물이 다기능의 제품으로 출시되고 있어 정원조경의 컨셉트와 해당 공간의 미적인 요소를 고려하여 선택할 다양한 기회가 제공되고 있다. 수목보호대 겸 의자, 플랜터 겸 의자, 소형 플랜터형 테이블, 그늘막형 테이블, 티테이블 겸 베드, 조형의자 등이 있다.

휴게 시설물 설치 시 주의사항

01 기초가 있는 벤치 등은 기초 깊이를 20cm 이상으로 하고 될 수 있으면 기초콘크리트로 고정해야 한다. 기초부가 썩거나 녹이 나기 쉬운 목재와 철재는 기초콘크리트에 완전히 묻히도록 한다.
02 다리는 내구성이 좋은 재료인 철재나 석재가 좋다.
03 목재의 가로 방향 좌판은 틈새를 2cm 이내로 하고 방부 처리해야 한다.
04 벤치는 음습지나 급경사지, 바람받이, 지반이 불량한 곳 등을 피하고 보안상 안전한 곳에 동선에 지장을 주지 않도록 설치한다.
05 벤치 사이에 휴지통이나 재떨이를 설치하거나 뒤로 돌아가기 쉽게 할 필요가 있는 경우에는 벤치 간격을 90cm 정도 띄워서 설치하는 것이 좋다.
06 그네는 그네의 회전반경을 고려하여 설치하며, 회전 시 하중을 고려하여 전도되지 않게 기초를 넓고 크게 설치하여야 한다.
07 선베드는 외부로부터의 시각적 보안을 고려하고, 일조량이 충분한 곳에 남향으로 설치한다.

01_ 시원한 그늘을 만드는 느티나무 아래에 나무 그네를 설치하고, 데크 옆에는 알루미늄주물테이블 세트를 배치했다.
02_ 소나무와 은사시나무 숲, 넓은 잔디마당의 풍광이 내려다 보이는 안마당을 향해 곳곳에 파라솔과 테이블을 배치해 쉼터를 만들었다.

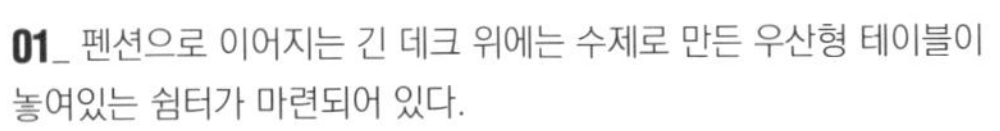

01_ 펜션으로 이어지는 긴 데크 위에는 수제로 만든 우산형 테이블이 놓여있는 쉼터가 마련되어 있다.
02_ S자로 굽이치는 강과 병풍처럼 펼쳐진 풍광을 편히 즐길 수 있는 위치에 철재와 나무로 만든 벤치가 놓여있다.
03_ 경관을 감상하기 좋은 곳, 정원 한쪽 나무 그늘 밑에 의자일체형 목재 야외테이블과 벤치 세트로 꾸민 휴식공간이다.
04_ 바다 전망이 좋은 마당에 배치한 의자일체형테이블, 컬러풀한 파라솔과 의자로 마당에 포인트를 주었다.

05_ 돌을 조각해 만든 독특한 형태의 석재 테이블과 의자를 배치해 휴식을 겸한 첨경물로 정원의 경관까지 더해주는 이중효과를 거두었다.
06_ 수형이 잘 잡힌 소나무 밑에 투박하지만, 통나무로 앙증맞게 만든 야외 테이블을 놓아 소나무와 조화를 이루었다.
07_ 북한강의 그윽한 풍광이 내려다보이는 테라스에 노목의 밑둥치를 연상케 하는 목화석 원형테이블과 의자 세트를 배치했다.

01_ 돌담과 향나무를 배경으로 배치한 테이블과 의자, 세월 속에 낡고 빛바랜 테이블과 의자의 모습이 오히려 정겹다.

02_ 마사토를 깐 산책로 옆의 휴식공간에 배치한 이동이 쉽고 다용도로 활용할 수 있는 의자일체형테이블이다.

03_ 플랜트 화단으로 꾸민 2층 테라스에 파라솔, 테이블·의자 세트를 놓아 여유롭고 편안한 분위기로 꾸민 휴식공간이다.

04_ 강원도 산중의 5월 중순, 비 갠 뒤 화사하게 펼쳐진 수채화 같은 풍경의 진입로, 파란색 목재 벤치의 개성 있는 색상으로 화사함을 더한다.

05_ 친환경 생태연못 옆에 데크와 통일감 있게 목재로 만든 의자일체형테이블을 배치한 아담한 휴식공간이다.

06_ 생태연못 주변 우드블럭 포장 위에 배치한 수제 목재테이블과 의자 세트, 중앙을 플랜터로 디자인하여 화산석과 건조에 강한 다육식물로 특색 있게 꾸몄다.

01_ 노거수 벚나무 그늘 아래 배치한 목재테이블과 의자 세트, 만개한 벚꽃 속 운치 있는 휴식과 소통의 공간이다.
02_ 철제 대문과 일체감 있게 선택한 판석 위의 철제주물테이블 세트, 여유롭게 정원풍경을 즐길 수 있는 공간이다.
03_ 한강을 조망할 수 있는 화단 중앙에 내구성이 좋고 단정한 분위기의 석재테이블과 의자, 화단 경계재와 일체감을 준 휴식공간이다.

04_ 세월이 쌓여 형성된 뜨락의 느티나무, 참나무, 밤나무 아래에 자유롭게 자리 잡는 파라솔과 테이블·의자 세트가 놓여 있는 자연 속 최적의 힐링 장소이다.

05_ 한옥의 멋과 진한 커피 향이 손님을 끄는 한옥카페 안마당의 테이블 세트, 손님을 위한 휴식과 소통의 장이 되고 있다.

06_ 목재와 인조잔디로 구성한 타원형 데크, 다양한 소재의 테이블과 의자 등을 배치해 시원스럽게 꾸민 루프탑의 휴식공간이다.

01

01_ 야외 결혼식장으로도 활용하는 넓은 잔디마당의 잉글리쉬가든, 가제보와 벤치에 컬러를 입혀 개성있게 연출한 휴식공간이다.

02_ 지중해풍의 펜션과 잘 어울리는 보도 위에 배치한 브라운 톤의 긴 목재 테이블 벤치 세트는 오가는 사람들을 위한 배려의 공간이다.

03_ 한 폭의 그림보다 더 그림 같은 정원에 튤립 디자인의 벤치를 놓아 포토존으로 이용하고 있다.

02

03

04_ 가을 분위기를 물씬 풍기는 산국으로 샛노랗게 물든 벽천을 배경으로 배치한 목재 벤치가 운치를 더해주는 가을 정원의 휴식공간이다.
05_ 자작나무, 수국을 군식하여 숲처럼 조성한 정원에 잠시 멈춤으로 주변을 완상할 수 있도록 작은 벤치를 놓아 두었다.
06_ 돌을 쌓아 만든 나지막한 화단의 경계를 다리 삼아 일자형 앉음판을 걸쳐 놓은 벤치, 오가는 행인들을 배려한 휴식공간이다.
07_ 직선과 곡선으로 쌓은 화단 경계를 지지대로 판재를 길게 대어 만든 여유로운 앉음판, 가까이서 꽃을 감상하며 쉴 수 있는 휴식공간이다.

01_ 인공미와 자연미가 공존하는 가을정원, 바닥에 우드블록을 깔고 바늘잎참나무(대왕참나무) 중심으로 사각 형태로 설치한 벤치다.

02_ 바늘잎참나무를 자연 그대로 두고, 필로티로 띄워 철제난간을 두른 데크를 깔아 운치 있게 설치한 원형 벤치다.

03_ 큰 나무 밑에 출렁다리와 길을 연결해서 테크와 원형 벤치를 일체감 있게 설치하여 놀이공원처럼 꾸민 아늑한 휴식공간이다.

04_ 원형 속에 나무 모양을 형상화하고 의자를 그네처럼 매달아 연출한 포토존이다.

05_ 각양각색의 꽃들로 가득 찬 화단을 배경으로 배치한 의자일체형 철제 파고라는 포토존으로 활용하는 아름다운 공간이다.

06_ 독립적인 공간에도 잘 어울리는 블루 트렐리스 구조물 앞에 흰색 벤치를 놓아 꾸민 포토존이다.

07_ 박공지붕 형태로 특색 있게 디자인한 심플한 그네형 벤치를 놓아 편하게 자연을 즐길 수 있게 했다.
08_ 숲이 우거진 한적한 정원 한쪽에 풍경을 완상 할 수 있는 그네형 벤치를 놓았다.
09_ 초록빛 낙우송을 배경으로 플랜터에 풍지초를 길러 자연스럽고 편안한 분위기를 연출한 특색있는 플랜터 겸 의자다.

16

화계(花階)

Stair style planter garden

◀ 옹벽과 화단을 겸해 만든 화계는 경사면의 침식을 예방하고 아름다운 경관으로 실내에서 바라보는 차경의 대상이 되기도 한다.

화계(花階)
Stair style planter garden

전통정원의 중요한 구성요소 중 하나인 화계는 화단의 한 종류로, 풍수지리설에 따른 배산임수의 전통적인 입지 조건에서 주로 주택의 북쪽 후면의 산지나 구릉지를 이용하여 만들었다. 화계는 경사면에서 발생하기 쉬운 토사의 유출이나 침식을 막기 위해 계단 모양으로 여러 층의 단을 쌓아 석계를 만들고, 화목, 괴석, 석물 등을 도입하여 마무리함으로써 기능성과 심미성을 동시에 추구할 수 있다. 현대 주택에서는 지형에 따라 고저 차가 있는 곳을 보완하기 위해 석계를 만들고 화단을 꾸며 정원의 아름다운 경관을 연출한다.

화강석을 일정한 길이로 가공한 장대석을 이용해서 단 높이를 달리해 화계를 만들고 화관목류와 화초류, 소교목을 주로 심었다.

화계의 특징

1. 평면형의 정원이나 화단과 달리 지형의 고저 차를 이용하여 계단식으로 화단을 구성함으로써 녹지나 조경의 입면적 연출을 가능하게 한다. 여름에는 녹지를 형성한 화계가 있는 후정과 마사토가 깔린 마당의 온도 차이에 의한 대류 현상으로 대청의 문을 열면 선풍기를 켜 놓은 것과 같은 효과를 얻을 수 있다.
2. 주택 경사지의 우수 범람이나 토사 유출을 막는 기능을 한다.
3. 지형을 처리한 석계에 화목이나 초화, 지피식물 등을 식재하고 담장, 협문, 문양 굴뚝, 계단, 장독대, 괴석, 석조 등의 점경물과 어우러져 아름다운 경관을 형성한다.

화계의 구성

1. 단의 형성: 경사면의 높이와 폭에 따라 화계의 단을 형성하는데, 단의 높이와 숫자, 한 단의 폭도 결정된다. 단을 구성하는 소재는 장대석 쌓기, 자연석 쌓기, 사고석 쌓기 등의 돌쌓기가 주로 쓰이며, 현대식 주택에는 원하는 소재로 마감이 가능한 각종 플랜터가 쓰이기도 한다. (본서 101페이지 석축편 참고)
2. 점경물 배치: 형성된 단 위에 석조형물, 물확, 경관석 등의 석물이나 굴뚝을 설치하기도 한다. 꽃과 함께 배치한 석물이나 굴뚝은 배면의 담장과 어우러져 빼어난 경관을 형성하고 시각적 쾌감을 자극한다. 현대에는 거주자의 취향에 따라 각종 조각과 소조를 배치하여 작은 조소정원을 만들기도 한다.
3. 수목 식재: 화계의 식물은 석축의 재질을 부드럽게 완화하며, 단조로움에 변화를 준다. 또 건물의 내부, 후정, 뒷산을 자연스럽게 하나로 연결해 시선이 인공에서 자연으로 이어지는 매개 역할을 한다. 점경물을 부각하기 위해 지피나 초화류만 식재하기도 하고, 북풍을 막기 위하여 위치에 따라 방풍림을 조성하거나 관상을 위해 꽃과 열매가 아름다운 수목을 선정해서 심기도 한다. 화계에는 모란이나 작약, 앵두나무, 옥매, 개나리, 진달래, 조릿대, 철쭉, 맥문동, 옥잠화, 패랭이꽃과 같은 우리나라의 자생적인 화관목류나 야생화를 주로 심고, 채원(菜園)을 조성하기도 한다. 또한, 민가의 화계는 집안의 살림과 관련하여 주로 과실수를 많이 식재하는데 관상뿐만 아니라 실용적인 면도 고려한 것이다.

기타 참고사항

01 화오(花塢)는 일종의 화단으로 담장이나 앞마당에 장대석이나 자연석 등을 쌓고 흙을 채워 식물을 심고 화분이나 괴석, 장독대를 놓아두는 등의 다양한 용도로 조성하였다.
02 화계(花階)는 건축물의 터를 잡는 과정에서 옹벽과 화단을 겸해 만드는 조경시설로 경사면의 침식을 예방하고, 보통 후원에 조성되어 아녀자들의 휴게공간이자 안채에서 바라볼 수 있는 차경의 대상이 되는 아름다운 경관을 위해 조성하였다.
03 화계가 조성된 후정에는 외부와 경계 역할을 하는 담장이 조성되어 있어 화계 공간을 평면적, 입면적으로 분할, 한정, 위요하는 수직적 역할을 하였다.
04 민가의 화계는 직선과 곡선이 혼합되어 자유스러움이 보이지만, 궁궐과 사찰의 화계는 대개 직선으로 조성되었다.

01_ 궁궐정원에서 보이는 화계로 장대석을 이용하여 여러 층의 단을 쌓았다. 계단과 점경물, 식물들이 적절히 어우러져 경관을 이룬다.
02_ 화계에는 나지막이 심은 화관목류와 화초류가 적절히 녹색과 화려함을 드리우며 품격있는 아름다움을 나타내고 있다.

01

02

03

04

01_ 전통담장을 배경으로 국화, 억새, 각종 초화류, 단풍 든 수목들이 형형색색 가을 정원을 화사하게 물들인 화계 풍경이다.

02_ 우리나라의 자생적인 화관목류와 야생화를 주로 심어 화계 석축의 재질을 부드럽게 완화하면서 단조로움에 변화를 주었다.

03_ 경사지의 흙을 막아 석계를 만들고 전통 꽃담을 배경으로 식물들을 심어 더욱 돋보이는 화계다.

04_ 수목과 각종 화초류가 화사하게 어우러져 입체적인 자연미를 한껏 드러낸 화계다.

05_ 옹벽과 화단을 겸한 장대석으로 만든 화계로 경사면의 침식을 예방하고 아름다운 경관을 위해 조성하였다.

05

06_ 울창한 대나무 숲으로 쌓여있는 후원의 화계, 특별한 꾸밈없이 경사지를 떠받치는 역할에 비중을 두었다.
07_ 돌의 생김새대로 줄눈과 관계없이 막쌓기한 화계에 다양한 종류의 장미를 심은 장미 테마정원이다.
08_ 퇴물림쌓기 한 화계와 초가를 얹은 토석담만으로도 멋스러운 경관미를 자랑하는 후정이다.

07

06

08

01_ 토석담의 초가지붕과 장독대가 어울려 토속적인 경관미를 보이는 초가집 후정의 자연스러운 화계 풍경이다.

02_ 네 단의 장대석 석축을 쌓고 조형미가 돋보이는 붉은색 반송을 심어 기품 있게 운치를 살린 화계다.

03_ 잔디마당과 나지막한 뒷산을 자연스럽게 연결하며 매개 역할을 한 뒤뜰의 화사한 화계 풍경이다.

04_ 경사가 도드라진 화계 단마다 소나무를 심어 입체감이 확연히 드러나는 멋진 경관이다.

05_ 궁궐의 화계는 자연석보다는 장대석을, 곡선보다는 직선을 주로 이용하여 조성하였다.

06_ 수목, 굴뚝, 계단, 담장, 협문, 괴석 등 다양하고 화려한 점경 요소를 도입하여 특색 있게 연출한 화계다.

07_ 화계는 경사지 처리와 함께 식물을 식재하고 굴뚝이나 장독대 등 점경물을 도입하여 미적 경관을 더하기도 한다.
08_ 화계의 수목은 석축의 딱딱한 재질을 부드럽게 완화하며 직선의 단조로움에 변화를 준다.
09_ 담장은 화계에 심은 화목이나 점경물이 보다 돋보이게 하는 배경이 되기도 한다.

17

첨경물(添景物)

Garden ornament object

◀ 기와를 얹은 돌담을 배경으로 생활도구였던 시루와 절구를 이용한 감성적인 분화에는 장미기린초, 사계국화, 운간초가 소담스럽게 피어 있다.

첨경물(添景物)

Garden ornament object

첨경물(添景物)은 정원이나 공원 등 다른 풍경을 장식하여 담백하거나 밋밋한 공간의 미적 매력을 강화하고 풍경을 더욱 돋보이게 하는 요소이다. 그라운드, 식물, 시설물, 계류, 연못, 벽천, 캐스케이드, 포장 등 경관우세요소를 제외한 새집이나 장식인형, 조각상, 그네, 의자, 테이블, 벤치, 화분대, 플랜터 등 상대적으로 작고 개별성이 강하며 이동성이 있는 단위경관요소로 그 종류는 매우 다양하다. 전통조경에서는 주로 점경물(點景物)로 표현되며 정자, 굴뚝, 옹기, 바위, 석등(石燈)이나 석상과 같은 석물류 등을 배치하여 정원의 경관을 더한다. 종종 풍수지리적인 원리에 따른 기능이나 시대를 초월하여 역사성, 상징성을 가진 자연물로서의 의미도 가지고 있다. 첨경물은 정원조경의 경관을 보완하고 강화하여 돋보이게 하는 것이 목적이지만, 때로는 하나의 예술품으로 경관우세요소를 배경 삼아 그 첨경물 자체가 주가 되게 연출할 수도 있다. 다양한 첨경물이 있을 수 있겠으나, 나만의 특별한 의미가 담긴 첨경물을 만들어 장식한다면 풍경 그 이상의 감성까지 더하여 정원의 경관미는 더욱더 깊어질 것이다.

큰독, 중두리, 작은 독들이 가지런한 장독대에 물확, 맷돌, 다양한 석물들을 놓아 감성적인 경관을 더했다.

전통조경의 점경물

1. 굴뚝: 굴뚝은 구들에서 연소하고 나온 가스를 배출하는 기능뿐만 아니라 후원의 조경요소로서도 중요한 역할을 한다.

1) 전축굴뚝: 벽돌을 정성스럽게 쌓고 여기에 각종 장식을 베풀며 기와 지붕이나 연가까지 얹어 고급스럽게 치장한다. 국보인 경복궁 자경전 십장생굴뚝과 교태전 아미산 육각형굴뚝이 있다.

2) 와편굴뚝: 와편을 이용해 문양을 베풀면서 기와 조각과 흙을 함께 쌓아 올린 굴뚝이다.

3) 토축굴뚝: 주변에서 흔히 구할 수 있는 재료인 흙과 돌을 섞어 만든 굴뚝이다.

이외에도 오지굴뚝, 널굴뚝, 통나무굴뚝 등이 있다.

2. 장독대와 옹기: 음식문화의 역사와 함께한 장독대와 옹기는 현대의 김치냉장고가 대신하면서 한옥을 지으면서 생겨난 마당을 장식하거나 정원 안에 정겨운 느낌을 주는 점경물로 쓰임새가 점점 바뀌어 가고 있다.

3. 맷돌: 전통적인 느낌에 잘 어울리는 맷돌은 최근 디딤돌로 많이 이용하고 있다. 실제 고재는 구하기 힘들고 비싼 만큼 시중에는 중국산이나 아예 정원용으로 조형한 맷돌을 선보이고 있다. 디딤돌로 설치 시 지면보다 1~1.5㎝ 정도 높이는 것이 좋다. 너무 높으면 잔디 깎기가 어렵고, 너무 낮으면 잔디나 흙이 침투하는 불편함이 있다.

4. 기타: 절구, 시루 등의 생활 소품과 우물, 물레방아, 석탑, 해태상, 솟대 등 전통의 다양한 점경물이 또 하나의 멋을 더해준다.

돌로 만든 점경물

1. 석가산(石假山): 돌을 쌓아 산의 형태를 축소 재현한 점경물로써 산의 실제 경치를 구현하기 위해 수목이나 골짜기, 계류, 연못 등 수경을 곁들이기도 한다.

2. 치석(置石): 수목의 밑이나 물가 등에 자연석을 여러 개 앉혀 돌을 수평으로 배치하는 것으로 한 점 두기, 세 점 두기, 다섯 점 두기, 모아두기, 흩어두기 등의 방법으로 돌의 형태와 크기, 조형미에 따라 적절히 배치한다. 때로는 식물을 곁에 심어 대비 효과를 연출하기도 한다. 공간의 크기와 형태에 맞추어 적절한 크기와 양의 치석을 해야 한다. 돌이 과다, 과대의 경우 오히려 경관을 해치는 요소가 될 수 있다.

3. 괴석(怪石): 기이한 형질의 자연석 한 덩어리를 홀로 앉힌 괴석은 사람의 키를 넘지 않는 60cm~150cm 정도의 산수경석으로 경관미를 즐기는 점경물이다. 한 개의 돌에서 가파르고 험한 산봉우리, 깊은 굴과 골짜기가 표현되거나 용이나 이무기, 호랑이 같은 웅장한 동물 형상이 보이는 괴상하고 기이한 형태의 돌을 사용한다. 돌의 색상은 청색, 흑색, 자색 등에 높은 가치를 두고, 두드리면 청명한 소리가 나는 단단한 돌을 선호한다.

4. 식석(飾石): 괴석을 다듬고 표면에 상징적인 글이나 문양을 새겨 정원에 배치하여 즐기는 석조물이다.

5. 석상(石床): 너럭바위 같은 평평한 자연 상태의 반석을 두어 사람들이 올라앉게 배치한 점경물로 인공을 가하거나 자연석을 그대로 쓰기도 하고, 다리를 붙이거나 네 귀에 받침대를 괴어 앉아 쉬기에 편하게 만들기도 한다.

6. 석지(石池)와 물확: 석지를 석연지(石蓮池)라고도 하는데, 연지를 작게 축소한 것으로 연못을 축조할 수 없는 좁은 공간에 물만 담거나, 연꽃이나 수련을 심는 소형 석재 수반이다. 물확(돌확)은 돌을 절구나 도가니처럼 다듬어 석연지나 물거울로 사용한다.

7. 석분(石盆): 석분은 괴석을 심어 세워두는 돌로 만든 화분으로 방형, 팔각형, 원형 등 심어지는 괴석이나 수목에 따라 다양한 형태를 지니며,

01_ 와편담장에 맞추어 크기순으로 가지런히 놓인 장독대는 한옥조경과 궁합이 잘 맞는 훌륭한 점경물이다.

02_ 다양한 석조물과 오브제, 소품인형들로 장식한 연못 주변은 볼거리와 이야깃거리가 깃든 공간이다.

01_ 대문 출입부에 다양한 크기와 형태의 항아리를 화분과 수반으로 활용하여 화초와 수생식물을 키운다.

02_ 예로부터 볕이 잘 드는 마당 한쪽을 차지해온 장독대가 이제는 하나의 훌륭한 점경물로 정원의 풍경을 이룬다.

03_ 자르거나 그대로 활용한 항아리분들을 한곳에 모아 다양한 화초를 키우는 이색적인 공간연출은 정원의 볼거리다.

화계 위나 담장 아래, 정원수 옆 등에 둔다. 석분 표면에 치장하고 더러는 상징성이 강한 무늬를 베풀기도 한다. 석분을 석함(石函), 괴석대라고도 한다.

8. 석등: 돌로 만든 전통식 등으로 조명을 안에 설치하여 불을 켜기도 하지만 그 자체의 조형미를 차용하기 위해 배치하기도 한다.

9. 기타: 하마석, 대석, 석주, 평석 등이 있다. 그 외에도 두꺼비, 거북이, 닭, 학 등의 각종 조형물 등을 사용하기도 한다.

서양 조경의 첨경물

1. 조각상: 신화의 인물이나 역사적 인물을 대리석으로 조각한 조각상을 정형 화단에 열식 또는 단식으로 배치한다. 이탈리아식 조각상 외에도 말, 개, 소와 같은 동물, 나무와 꽃의 식물, 동화 속 캐릭터, 기하학적 조형조각 등 다양한 조각과 소조를 해당 전원주택조경의 개념과 공간의 특징에 어울리게 선정하여 최적의 장소에 설치하면 공간의 경관성, 상징성에 예술성까지 더해져 조경의 표현이 더욱더 풍부해진다.

2. 열주: 화강석이나 대리석 등 다양한 석종으로 그리스·로마 신전을 모방하여 제작한 열주를 정원에 사용하거나 로톤다와 함께 설치할 수 있다. 열주는 일정한 간격을 두고 세워지는 수많은 기둥으로 동선의 유도 기능을 하며, 기둥 자체의 입체감과 표면의 문양, 질감으로 공간의 상징성과 개성을 표현할 수 있다. 석재로 된 도리아, 이오니아, 고린도 등 그리스·로마식의 콜로네이드는 중후하고 장엄한 느낌을 주고, 다양한 소재와 디자인의 모던한 현대식 열주는 세련되고 현대적인 감각을 조경공간에 표현하기 좋다.

3. 화분: 다양한 형태의 서양식 화분에 심어진 다채로운 화훼류로 서양식 정원을 화려하게 연출할 수 있다. 도기, 목재, 석재, 합성수지 등 다양한 재료와 다채로운 형태와 색상, 질감의 화분은 그에 식재되는 수종과 위치하는 곳의 포장재의 형태와 색상을 고려하고 조화롭게 선택하는 것이 무엇보다 중요하다. 잘못된 화분의 선택으로 경관미를 해치는 경우를 자주 볼 수 있다.

4. 기타: 전원주택 경관의 개념을 강화하고 다양한 상상력과 시각적 쾌감을 더하기 위해 소형분수, 수반, 시계탑, 풍차, 마차, 체스 조형물, 컨테이너, 플랜터, 화분대, 우체통, 새집, 행잉 포트, 장식 인형 등 각종 조경시설물과 조경 소품을 활용한 첨경물을 배치하여 그 기능성을 취하고 공간의 특징을 강화하며 화려하고 다채로운 장식미를 부여할 수 있다.

기타 참고사항

01 디자인 콘셉트에 알맞은 첨경물을 선정해야 한다. 조경의 개념이 전통양식인지 프랑스식, 이탈리아식, 영국식, 일본식, 중국식, 모더니즘, 포스트모더니즘, 해체주의 양식인지 선택한 후에 그에 맞는 소재를 정확히 선택해야 한다.

02 지나치게 다양하거나 많은 소재의 도입을 지양해야 한다. 너무 많은 종류와 수량의 첨경물은 오히려 전체적인 정원조경을 산만하게 만들고 조경의 계획개념을 훼손할 수 있다. 경관우세요소들을 해치지 않는 선에서 적정한 형태와 수량의 첨경물을 선택하되, 특별히 강조하고 싶은 첨경물이 있다면 한두 개 정도를 강조하여 연출하는 것이 좋다.

03 선정한 첨경물은 공간의 특징과 위치, 주변 수목이나 시설물의 크기 형태, 색상을 고려하여 위치를 정하여야 한다. 또한 어떤 색상과 질감의 포장 위에 위치하는가에 따라 첨경물의 느낌은 다르게 표현된다.

04_ 장독대 벽면에 무병장수, 자손의 번성과 부귀를 상징하는 십장생을 넣어 꽃담으로 독특하게 표현한 장독대다.

05_ 토석담에 기와까지 정성스럽게 얹은 기품 있는 장독대는 정원의 포인트이다.

01_ 항아리, 물확, 석등, 괴목 등 다양한 점경물과 꽃들이 풍성하게 어우러져 정원의 한 장면을 형성한다.
02_ 석재데크 가장자리에 장방형 물확과 분재 작품들을 진열하여 넓은 데크의 밋밋함과 공간의 허전함을 보완하였다.
03_ 널찍한 바위와 물확, 큰 점경물을 중심으로 작은 자연석들을 자연스럽게 조합하여 자연미가 더욱더 살아난 정원이다.

04

04_ 맷돌과 물확으로 이루어진 3단 미니 폭포에 아기자기한 장식 소품으로 꾸민 수공간이 정원에 생동감을 준다.
05_ 작은 물거울을 연출한 물확과 주변의 앵두나무, 돌단풍, 꽃잔디의 어울림이 싱그럽다.
06_ 미니 암석원 사이에 조롱박 모양의 물확으로 만든 수공간은 경관뿐만 아니라, 주변 식물의 습도조절에도 한몫하는 일거양득의 효과가 있다.
07_ 조경석, 석등과 물확, 항아리, 와편 등 전통 점경물들을 이용하여 편리성과 함께 경관까지 고려한 수돗가 풍경이다.
08_ 송사리가 평화롭게 놀고 있는 물확, 매일 물을 갈아주며 청결을 유지한다.

07

06

08

01_ 자작나무 숲 진입로에 자리 잡은 물확 속의 수련과 창포가 배경 식물들과 어우러져 더없이 싱그럽다.

02_ 옛 우물을 이용해 만든 석분에 분재소나무와 황금눈향나무, 부처손을 조화롭게 심어 멋진 분화를 연출했다.

03_ 생강나무 아래에 투박하지만, 정감이 가는 풀매와 돌확으로 만든 작은 수공간이다.

04_ 계단식으로 물확의 낙차를 이용해 만든 미니폭포, 시원한 물줄기로 생동감이 넘치는 경관이다.

05_ 석축 안에서 연결한 물길이 절구 수조로 떨어지며 작은 미니폭포를 만든다. 자연스럽게 생겨난 풍성한 이끼는 태초의 자연을 깨우쳐 주는 듯하다.
06_ 돌덩이의 내부를 파서 수생식물을 키우는 데 사용하는 석조(石槽)로, 긴 장방형의 날렵한 형태가 방지연못, 섬과 잘 어울리는 점경물이다.
07_ 콘크리트 바닥을 걷어내고 되찾은 흙마당에 항아리, 물확, 석물 등을 놓아 아기자기하고 감성 있는 공간으로 재구성했다.
08_ 샘물을 나무홈대로 받아내는 석조가 토석담장, 돌담과 서로 어우러지는 멋진 점경물이 되었다.

01_ 수목 사이사이에 자리 잡은 약연, 물확, 동자석, 문인석 등 다양한 석물들이 서로 조화를 이룬 한옥정원의 뒤뜰 풍경이다.

02_ 요소요소에 다양한 전통 점경물들을 조화롭게 배치하고 우리의 정서에 맞는 식물 위주로 조원하여 조경의 미를 표출하였다.

03_ 숨은 듯 수줍게 전시된 정겨운 표정의 벅수가 잘 어우러진 정원이다.

04_ 전통한옥 마당의 거울못 옆에 길게 배치한 평석, 정원의 점경물 겸 주변의 아름다운 차경을 즐길 수 있는 휴게공간으로 활용한다.

05_ 현무암 연자방아 석분에 눈향나무, 마거리트, 패랭이꽃 등 다양한 화초가 풍성한 아름다움으로 시선을 끈다.
06_ 정원의 여백미를 살려 한 점 포인트로 배치한 연자방아, 여유로운 공간 속에서 더욱 돋보이는 점경물이다.
07_ 석축과 담장 밑은 항아리를 모아둔 장독대로, 마당에는 석조 원형테이블과 의자를 놓아 꾸민 후원의 조용하고 아늑한 쉼터다.

01_ 마당의 토석담을 따라 외각에 조성한 화단의 작은 돌다리, 산책길을 이어주는 정원의 특색있는 점경물이다.

02_ 정원 한쪽을 무게감 있게 장식한 화강석 석탑으로 소나무, 석축과 함께 어우러지며 경관의 중심을 이룬다.

03_ 벚꽃과 카펫처럼 펼쳐진 꽃잔디에 둘러싸인 고풍스러운 자태의 석탑, 작품성만으로도 돋보이는 정원의 멋진 점경물이다.

04

05

04_ 너럭바위와 석등이 절묘하게 조화를 이룬 점경물, 기와를 얹은 토석담이 항아리들과 함께 토속적인 경관미를 더한다.
05_ 전통과 현대, 직선과 곡선이 어우러진 정원, 원형 화단 중앙에 조형소나무를 심고 석조물들을 적절히 배치해 조원을 연출했다.
06_ 정원을 밝히기도 하지만, 포인트를 주고 싶은 부분에 그 자체의 조형미를 감상하기 위해 석등 같은 점경물을 배치하기도 한다.
07_ 정갈함과 간결함을 강조한 한옥 입구로, 잘 어울리는 석분에 계절 화초류를 심어 입구를 화사하게 장식했다.

06

07

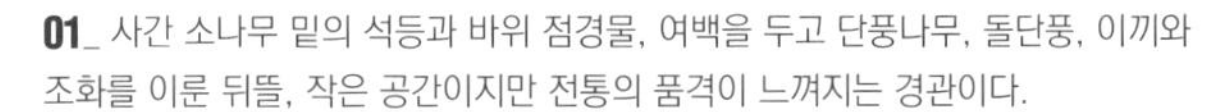

01_ 사간 소나무 밑의 석등과 바위 점경물, 여백을 두고 단풍나무, 돌단풍, 이끼와 조화를 이룬 뒤뜰, 작은 공간이지만 전통의 품격이 느껴지는 경관이다.

02_ 석물 받침대에 올려놓아 더욱 돋보이는 괴석, 돌 자체의 독특한 멋만으로도 관상 가치가 충분한 화계 중심의 점경물이다.

03_ 연못 주변의 나지막한 돌담과 어우러진 기이한 형질의 괴석(怪石) 점경물이 독특한 멋을 자랑한다.

04_ 경관우세요소인 화계를 배경으로 배치해 더욱 가치가 돋보이는 괴석, 석조물 위에 올려놓은 하나하나의 점경물이 화계의 중심을 이룬다.

05_ 붉은인동이 자연스럽게 타고 오른 와편굴뚝과 조명 항아리가 조화를 이룬 향토적 분위기의 전원주택 후정이다.

06_ 솔송주를 발효시킨 후 증류주를 만드는 화덕과 와편굴뚝은 전통미를 한층 살려주는 전통정원의 포인트로 주목받는 점경물이다.

07_ 실생활에 필요한 장독대와 아궁이는 실용성과 경관성을 겸비한 점경물로써 빠지지 않는 정원의 좋은 경관요소이다.

08_ 도편수의 솜씨가 발휘된 벽체와 와편굴뚝, 항아리조명 점경물이 대나무 숲과 조화를 이루며 개량한옥의 전통미를 유감없이 드러낸다.

01

02

03

01_ 기와와 흙으로 만든 와편담장 사이에 통일감 있게 만든 와편굴뚝이 뒤뜰 경관의 중심을 이룬다.

02_ 본채와 떨어진 정원 내에 개자리와 굴뚝을 연결한 연도를 내어 독립적으로 세운 와편굴뚝이 정원의 멋진 점경물로 경관을 더해준다.

03_ 장독대와 굴뚝, 토석담 모두 한옥의 아름다운 멋이다. 흙으로 빚어 만든 와편굴뚝 위의 연가는 배기와 빗물을 막아준다.

04_ 와편과 벽돌로 용이 승천하는 모습을 형상화한 독특한 형태의 굴뚝이다.

05_ 황토 흙집과 통일감 있게 만든 굴뚝, 하얀 연기가 피어오르는 토석굴뚝은 그 자체만으로도 향토적인 감수성을 자극하기에 충분하다.

04

06

07

08

05

06_ 3단 화계 중앙에 각종 장식을 넣어 쌓은 6각 전축굴뚝, 가치가 있는 하나의 예술작품으로서 감상의 즐거움을 준다.

07_ 경복궁 자경전의 뒤뜰 샛담의 일부분을 굴뚝으로 만들고 외벽 중앙부를 장방형으로 구획하여 십장생무늬를 짜 맞춘 뒤 회를 발라 화면을 구성한 꽃담이다.

08_ 하나의 고래에 하나의 굴뚝으로 이루어진 함양 정여창고택의 일공식 굴뚝이다.

01_ 조경석 하나만으로도 관상 가치가 충분한 점경물, 멀리 보이는 풍경을 빌려온 듯 옥상정원의 경관과 북한산이 일체감을 이룬다.
02, 03_ 곳곳에 놓인 갖가지 조형작품과 수석, 괴석, 분재 등 첨경물들이 더해진 현대적인 분위기의 갤러리 같은 정원에는 볼거리가 가득하다.
04_ 마을의 안녕과 수호, 풍농을 위하여 마을 입구에 세워졌던 오리 솟대는 이제 다양한 곳에 세워져 경관을 더하는 첨경물로 이용한다.

05

06

05_ 노목의 밑둥치를 연상케 하는 괴석은 인도네시아 수마트라섬이 원산지다. 수억 년 전에 살고 있던 나무숲이 화산폭발 작용으로 인해 그대로 돌로 변한 것이다.
06_ 오랜 세월의 퇴적과 풍화의 흔적을 짐작케 하는 괴석을 배치하고 주변에 키 작은 나무와 화초류를 조화롭게 심어 관상 가치를 높였다.
07_ 조경석을 적절히 조화롭게 배치하고, 고태미가 묻어나는 자연석과 기와로 화단 경계를 둘러 한옥과 정원의 분위기와 조화를 이루었다.

07

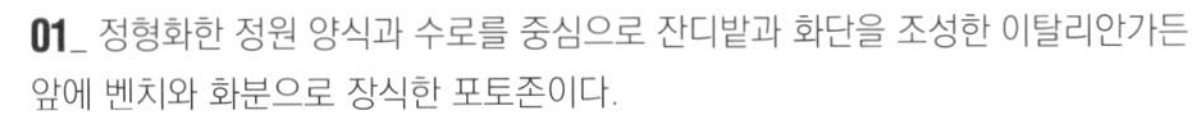

01_ 정형화한 정원 양식과 수로를 중심으로 잔디밭과 화단을 조성한 이탈리안가든 앞에 벤치와 화분으로 장식한 포토존이다.

02_ 철제 화분대도 하나의 첨경물이다. 계절마다 다양한 화분을 모아 적절한 곳에 배치하여 경관을 더하는 것도 좋은 아이디어다.

03_ 긴 꽃대를 자랑하는 루피너스가 우아한 석분에 담겨 고고한 자태를 뽐낸다.

04_ 창틀에 철제단조 화분대를 설치하면 쉽게 다른 화분으로 교체하며 계절마다 분위기를 바꿀 수 있다.

05_ 플랜터 화단에 키 작은 분재식물을 심고, 산수분경을 연출한 대형 수반을 포인트 첨경물로 배치해 꾸민 옥상 테라스의 조원이다.

06_ 키친가든에 낮은 돌담과 전벽돌 담을 둘러 화단을 만들고 플랜터에 다양한 식물을 심어 교육목적으로 활용한다.

01_ 흰 마거리트 꽃밭 속에 은빛 사슴 한 마리가 뛰어들어 향기에 취했다.
02_ 목조주택과 잘 어울리는 나무우체통, 소식을 기다리며 대문 앞을 지키는 빼놓을 수 없는 정겨운 정원의 첨경물이다.
03_ 수형이 아름다운 소나무 가지에 짚으로 만든 새집을 달아 보는 재미를 더했다.

04_ 바위 위를 장식한 세 가족 도자기 소품인형, 마치 봄을 노래하듯 꽃 잔치 한마당의 주인공이다.
05_ 쇠똥을 굴리는 쇠똥구리를 형상화한 독특한 첨경물이 마사토마당 한쪽을 장식한다.
06_ 자생한 나무를 훼손하지 않고 경관의 중요 부분으로 강조한 정원의 출입부에 인공나무로 게이트 조형물을 대신하였다.

01_ 도자기 마을답게 소나무 가지마다 도자기 풍경을 매달았다. 바람에 흩날리는 은은한 풍경소리가 사람의 발길을 멈춰 세운다.
02_ 마당 한쪽을 장식하는 방대한 크기의 이색적인 석작품 오브제가 이국적인 분위기로 사람들의 눈길을 끈다.
03_ 정원의 벚나무 아래 데크를 독차지한 조형물, 독창적인 작품성으로 감상 가치가 더욱 큰 정원의 첨경물이다.

04_ 곳곳을 아름답게 수놓은 정원수 사이사이의 조형작품들이 감상의 폭을 넓혀주며 산책의 즐거움도 배가시킨다.
05_ 경사지에 붉은 벽돌로 단을 쌓아 만든 화단에 덩굴식물 지지대 겸 하나의 첨경물로 설치한 목재오벨리스크다.
06_ 정원 한쪽에 조경블록으로 캠프파이어나 바비큐 파티를 할 수 있는 원형 파이어피트(Fire fit)와 앉음벽을 만들어 독립 휴게공간을 조성했다.
07_ 석재데크 모퉁이에 현무암으로 제주만의 특색을 살린 대형 화덕, 정원의 경관도 더하고 모닥불 캠프파이어 놀이도 할 수 있는 첨경물이다.

01_ 원형 석재데크를 둘러싸고 조화를 이룬 특색 있는 보강토블록 화분대, 분재 등 첨경물을 더해 조화를 이룬 정원의 이채로운 공간이다.

02_ 마당 중심에 원형화단과 분수대를 설치하고 주변에 파라솔과 테이블을 배치하여 화사하게 꾸민 서양식 정원이다.

03_ 열주와 조각상으로 꾸민 그리스풍의 레이디스가든으로 숙녀들의 정원, 아가씨들의 정원, 여인들의 정원으로도 불린다.

04_ 비너스상 여인의 아름다운 자태와 장미의 화려함으로 감성적인 조화를 끌어냈다.

05_ 타고 오르는 덩굴장미의 특성을 이용해 아치형 스테인리스 지지대를 설치하여 만든 장미터널, 향기롭고 화려한 아름다움으로 오가는 사람들의 발길은 즐겁기만 하다.

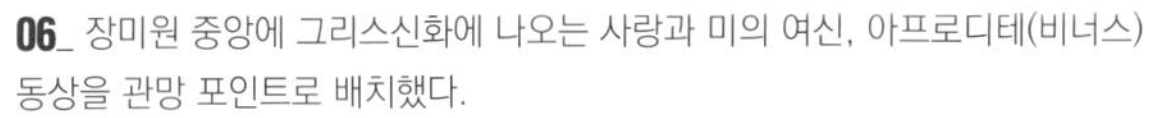

06_ 장미원 중앙에 그리스신화에 나오는 사랑과 미의 여신, 아프로디테(비너스) 동상을 관망 포인트로 배치했다.
07_ 불타는 사랑, 영원한 사랑의 다른 꽃말을 가진 붉은 장미와 노란 장미가 서로 사이좋게 타고 오르며 오벨리스크를 화려하게 장식한다.

더로드101
주문하는 곳
WELCOME

18

조명

Lighting

◀ 모든 조형물에 각종 경관조명을 설치하여 마치 불빛 축제에 온 느낌이다. 다양한 모양과 크기의 조명으로 꾸며 하나하나 구경하는 재미가 쏠쏠하다.

조명
Lighting

조경에서 조명은 야간의 안전성, 보안성, 접근성, 경관미, 레크리에이션이나 스포츠, 사회적인 행사등을 위한 목적으로 개인 정원이나 공공장소에 설치한다. 전기·전자의 발달로 이제는 다양한 경관조명 기구와 설치 방법들이 개발되어 조경의 멋과 풍취를 더하는데 빠질 수 없는 수단으로 자리하고 있다. 조경설계에서부터 안전성과 미적인 요소가 결합하면서 어디서든 다채롭게 연출된 야간 조경을 쉽게 볼 수 있다. LED, 태양광 발전, 저전압 고정장치, 에너지 효율 램프 및 에너지 절약형 조명 등 다양한 조명의 사용이 증가하고 있다. 조경설계 단계에서 사용 목적에 부합하는 조명계획을 세워 설치하면 야간에도 빛이 더해진 아름답고 멋진 색다른 경관을 연출할 수 있다.

돌, 물, 식물이 어우러진 폭포와 연못에 투사등을 비춰 몽환적인 분위기를 연출했다.

경관조명의 기능

1. 안전한 보행: 동선상의 조명은 보행자의 시야를 확보하여 안전한 보행을 돕는다.
2. 방범: 야간에 주택정원의 내·외부를 밝혀 시각적 사각지대를 줄임으로써 방범의 효과를 얻을 수 있다.
3. 심리적 안정: 야간에 정원을 밝혀 거실에서 시야를 확보함으로써 심미적 쾌감을 얻을 뿐만 아니라 동시에 심리적 안정감을 얻을 수 있다.
4. 조경의 미적 강화: 다양한 색상과 조도의 조명들을 사용함으로써 조경 자체의 경관미에 더해 새로운 시각적 아름다움을 선사한다.

경관조명의 종류

1. 가로등: 주택 주변의 도로를 비추어 차량과 보행자의 안전을 확보하는 조명으로 높이 3m 이상의 가로등을 주로 사용한다.
2. 열주등(문주등): 전원주택의 면적이 넓을 경우 대문에서 현관까지나 정원의 보행로 상에 열주등을 설치하여 동선을 비추기도 한다. 열주의 동선 유도 효과와 아름다운 장식으로 화려하게 연출할 수 있다.
3. 정원등: '볼라드등'이라고도 하며 높이 1m 내외의 크기로 정원에 배치하여 정원의 아름다움을 시각적으로 확보하기 위해 사용한다.
4. 잔디등: 잔디밭이나 잔디마당에 잔디의 질감을 즐기기 위해 주변에 설치하는 조명으로 높이 20~50cm의 잔디등을 주로 사용한다.
5. 지중등(수중등): 각종 포장 면에 위치를 정하여 매립 설치하는 등으로 포장의 인식성을 높이고 포장의 아름다움을 배가할 수 있다. 또한 분수나 연못, 계류, 캐스케이드 등 수경시설의 수중 바닥에 설치하기도 한다. 지중등은 눈부심이나 사물의 인지를 방해하는 단점을 최소화할 수 있는 장점이 있다.
6. 벽등, 벽매립등: 주택의 건물이나 조경의 장식벽, 플랜터, 옹벽 등에 노출하여 설치하는 벽등이나, 벽면에 매립하여 설치하는 벽매립등이 사용되어 벽체의 미적 가치를 높인다.
7. 투사등: 주택정원의 경관미가 뛰어난 소재를 하부에서 빛을 직접 투사함으로써 대상을 부각하는 조명이다. 주로 조형미가 빼어난 수목, 조형물, 석가산, 각종 시설물과 무늬나 색상이 아름다운 벽, 수경시설 등에 사용한다.
8. 포인트등: 벽체나 벽천 등에 매립 또는 노출하는 등으로 디자인에 따라 점형으로 설치하여 상징물을 연출하는 조명이다.
9. 기타 장식등: LED수목, LED장미, LED가구, LED갈대 등 다양한 형태와 색상의 외부장식등을 활용하여 원하는 연출을 할 수 있다.

기타 참고사항

01 경관조명은 조경 시공과정 중 토양반입 포설 후 수목식재와 시설물 설치 시 조명의 전기배선이 이루어져야 하므로, 설계단계에서 조명설계를 하는 것이 좋다. 조경을 완성한 후에 추가로 조명을 설치할 경우 설치가 불가능하거나 시공이 완료된 수목이나 시설물, 포장의 훼손이 발생할 수 있기 때문이다.
02 경관조명이 연출하고자 하는 효과를 고려하여 적합한 조명기구를 선택하고 조도, 색상을 고려하여 선정하며, 그에 따른 전압에 맞는 전선, 분전반, 컨트롤러를 선택하고 최적의 위치에 설치하여야 한다. 특히 조명은 전기 전문가의 도움받기를 권장한다.
03 최근에는 태양광으로 전원이 공급되는 정원등, 잔디등, 지중등 등도 다양하게 생산 사용되고 있다.

01_ 곳곳에 조명을 설치하여 늦은 밤에도 야간 조경을 마음껏 즐기며, 낮 동안의 피로를 풀고 휴식을 취할 수 있는 카페의 야간 전경이다.
02_ 은은한 조명으로 빛의 아름다움을 더해 힐링하면서 인생 사진을 남기기에 충분한 분위기 좋은 곳이다.

01_ 경관조명으로 정원에 편안하고 아늑한 빛을 더하고, 창문으로 빛이 새어 들어가지 않도록 각 모서리나 건축 상부를 투광기로 투사하는 방법으로 건축물의 외벽에 조명을 설치하였다.

02_ 투사등을 노출콘크리트 벽에 비추어 분재소나무들의 독특한 윤곽이 빛에 의해 그대로 드러나게 한 조명연출이다.

03_ 다양한 색상과 조도의 투사등을 건물과 수경시설에 빛을 직접 투사함으로써 자체의 경관미에 더해 시각적인 아름다움을 선사한다.

04_ 투사등을 바닥에 설치하여 아름다운 수형의 소나무를 아래서 위로 비춰주고 있다.

05_ 경관조명은 실내의 공간을 정원으로 확장하는 효과가 있고 야간에 정원의 활용도를 높일 수 있다.

06_ 물과 빛, 소리가 어우러진 힐링공간이 모토인 카페 모나무르는 포인트등과 물을 이용하여 뛰어난 예술성으로 공간적 미학을 연출하였다.

01_ 위단으로 오르는 돌계단에 보행자의 안전을 위하여 빛의 눈부심이 없는 볼라드(bollard)등을 설치했다.

02_ 콘크리트 벽으로 둘러싸인 배롱나무 한 그루를 달빛 같은 조명으로 비춘 바닥과 투사등으로 비춘 벽에 그림자를 드리우며 부드러운 빛이 깔리는 조명기법을 활용하였다.

03_ 옥상 테라스에 바다의 경관과 어우러진 가벽을 세우고 야간에 빛을 더해 심미성이 강조된 아름답고 멋진 경관을 연출하였다.

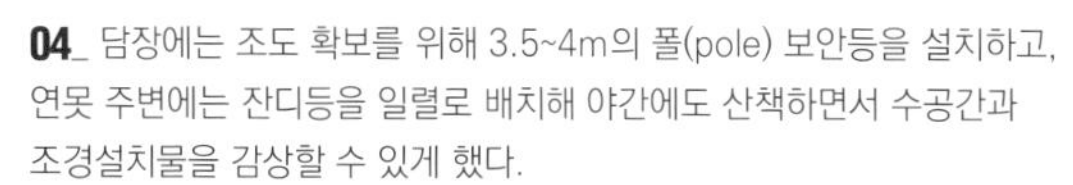

04_ 담장에는 조도 확보를 위해 3.5~4m의 폴(pole) 보안등을 설치하고, 연못 주변에는 잔디등을 일렬로 배치해 야간에도 산책하면서 수공간과 조경설치물을 감상할 수 있게 했다.
05_ 입체적인 파고라 안에 아름답게 연출한 방형의 연못과 식물에 조명이 더해진 독특한 분위기의 멋진 경관이다.
06_ 직선과 곡선을 조합한 평면 구획의 돌출부에 볼라드등을 설치하였다.
07_ 키가 큰 자작나무 아래 투사등을 설치하니 백색 나무의 입체감이 살아나고 잎의 색이 더욱 빛나 보인다.

07

06

01

02

03

04

01_ 화단에 설치한 열주등으로 조도를 확보하여 봄기운이 가득한 화단의 아름다움을 야간에도 즐길 수 있다.
02_ 이끼 바위와 물확 등이 있는 낮은 휀스에 조경 요소를 고려한 디자인과 야간조명 기능까지 가능한 경관용 볼라드등과 잔디등을 설치했다.
03_ 붉은 고벽돌로 만든 문주에 안전한 보행과 방범을 위해 설치한 조명으로 장식적인 효과까지 거두었다.
04_ 디자인적 요소와 안전성을 동시에 고려한 스테인리스 재질의 볼라드등이 초록빛의 삼색조팝나무, 황금빛의 에메랄드골드와 조화를 이룬다.

05_ 투박한 석분에 심은 원예종 오스카카네이션 옆에 조경등을 설치해 한옥 입구를 환하게 장식했다.
06_ 낮은 식물을 식재한 곳은 빛이 아래로 잔잔하게 깔리는 낮은 잔디등을 배치하는 것이 좋다.
07_ 주 동선에 잔디등을 설치하여 안전한 보행 및 초화류의 아름다움을 살렸다.

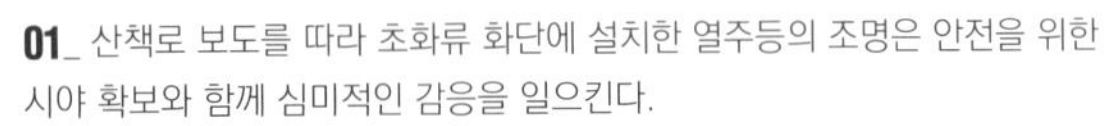

01_ 산책로 보도를 따라 초화류 화단에 설치한 열주등의 조명은 안전을 위한 시야 확보와 함께 심미적인 감응을 일으킨다.
02_ 자연석을 이어 붙여 만든 작품으로 조형미가 돋보이는 석등이다.
03_ 판석이 깔린 길옆에 노출 잔디등을 2~3m 간격으로 설치하여 야간에도 심리적인 안정감으로 편안한 보행을 할 수 있다.
04_ 보행로 상에 일정한 간격으로 열주등을 설치하여 야간에 동선을 유도하고 조도를 확보하여, 가로등을 대체하는 용도로 사용이 가능하다.

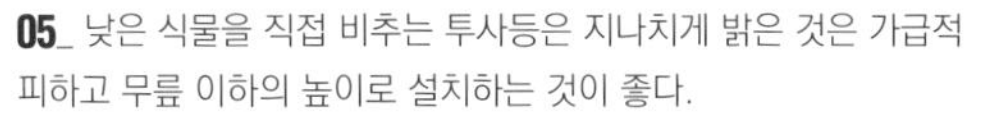

05_ 낮은 식물을 직접 비추는 투사등은 지나치게 밝은 것은 가급적 피하고 무릎 이하의 높이로 설치하는 것이 좋다.

06_ 단순히 어두운 곳을 밝히는 것만으로 충분하지 않다. 조명은 한발 더 나아가 조경 자체의 경관미에 더해 시각적인 아름다움까지 선사한다.

07_ 새로 옮겨 심어 뿌리를 내린 350년 된 살구나무를 비추어 어두운 밤에도 자연을 느낄 수 있는 심미적인 효과를 얻었다.

08_ 정자 주변을 비추어 차량과 보행자의 안전을 확보하기 위해 한옥과 잘 어울리는 디자인의 가로등을 설치하였다.

01_ 항아리를 이용한 조명등을 배치하여 은은한 빛과 옛 정취가 묻어나는 첨경물로써 야간경관을 더했다.

02_ 바닥에 설치하여 빛을 발산하는 지중등을 한옥 벽면과 처마에 투사하여 장식용으로 사용한다.

03_ 전체적으로 넓고 평평한 대지에 이동의 편리성을 위해 판석을 깐 넓은 보도의 양쪽 경계석에 일정한 간격으로 바닥등을 설치하였다.

04_ 공공의 성격이 강한 동선에는 화강석을 이용한 박석(薄石) 포장을 하고 안전을 위해 은은한 빛의 바닥등을 설치했다.

05_ 한옥의 처마선과 도랑주 그리고 전통의 점경물들이 어우러진 한옥 정원의 환상적인 야간 풍경이 감동을 배가시킨다.

06_ 앞마당의 정원수 곳곳에 투사등을 설치하니 한옥과 너럭바위의 윤곽이 드러나 어두운 밤에도 한옥의 운치가 느껴진다.

07_ 경관조명의 효과로 물을 머금고 있는 바위에서 오랜 세월을 이겨낸 소나무가 용트림하듯 솟아오르는 설치예술을 보는 듯하다.
08_ 조명효과로 처마, 서까래, 기둥, 창호 등 한옥의 구성요소가 더욱 부각되어 한옥의 아름다운 멋이 더욱 선명하게 잘 드러난다.
09_ 어스름한 저녁이 되니 곳곳에 설치한 조명이 밝혀지면서 낮에 볼 수 없었던 한옥호텔의 아름다운 밤 풍경이 화려하게 펼쳐진다.

청년 그린 스타트업
사람과 초록

"기후위기 시대, 정원사업을 통해 푸른행성 지구의 자연을 보존하고, 가꾸어갑니다."

'청년 정원디자이너들의 그린스타트업'

사람과초록은 국내 다양한 공모전에서 수상경력을 갖춘 청년 정원디자이너들이 직접 운영하는 청년 스타트업입니다. 정원설계부터 시공, 정원전문 식물 재배 및 판매,전문 교육, 미디어부터 실질적 환경복원까지 다양한 분야의 정원사업을 통해 기후위기에 도전해가고자 합니다. 기존의 전통적인 개인의 가드닝(Personal Gardening)부터 앞으로의 기후재앙 시대에 필요한 사회적 '매크로 소셜 가드닝(Macro-social Gardening)'사업을 위해 다양한 사업을 펼쳐나가고 있습니다.

전원주택의 백미 '**조경**', 하늘조경이 함께 합니다.

오랜 경험으로 다져진 조경시공과 관리 노하우로 고품격 조경 완성

전원주택에서부터 대규모 공공시설, 공원 등의 조경까지 30여 년간 축적한 다양한 조경실무 경험을 토대로, 직접 키우고 관리하여 만든 격조 높은 조형소나무를 중심으로 고객이 원하는 조경을 한 단계 더 높은 차원으로 완성해 드립니다. 고객 한 분 한 분의 목소리에 담긴 감성까지 섬세하게 잡아내어 설계에 반영함으로써 시각적인 아름다움뿐만 아니라, 정신적인 힐링의 녹색공간을 구현합니다.

암석원과 어우러진 사간 소나무

농장에서 소나무 정지·전정으로 수형 만들기

소나무 수형 만들기

수제천(壽齊天)

수제천은 '하늘과 나란한 수명'이라는 뜻으로 하늘처럼 영원하다는 의미를 지니고 있으며, 천부 인권, 생명 존중, 자연 사랑, 영원 무궁을 경영철학으로 하는 조경 설계, 시공, 관리, 부동산개발 및 컨설팅 전문업체입니다.

주요 프로젝트

01 청담동 크리스챤디올 신축공사 조경
02 부산 남천동 코오롱하늘채 신축공사 조경
03 인천 송도 더프라우 신축공사 조경
04 송도 테크노파크 IT센터 신축공사 조경
05 안양 석수동 코오롱하늘채 신축공사 조경
06 분당 서울대병원 신관 신축공사 조경
07 육군사관학교 충무관 신축공사 조경
08 라비에벨CC 듄스 코스 조성공사 조경
09 장지동 아우디 전시장 신축공사 조경
10 파주 선사문화재유적공원 신축공사 조경
11 안산 종현동 낙조공원 신축공사 조경
12 수지 이룸교회 산벽공사
13 화성 기천리 전원주택 신축공사 조경
14 성남 대장동 단독주택 신축공사 조경

수제천과 함께라면 철학과 기품있는 차원 높은 조경을 향유하실 수 있습니다.

수제천은 우리 환경 주변의 모든 조경을 다룹니다. 전원주택, 도심의 단독주택, 아파트나 빌라 등 공동주택, 근린생활시설, 공공기관, 각종 공원, 건설조경 등 모든 조경분야에서 축적된 다양한 설계, 시공, 관리 경험을 토대로 우리 주거환경의 미래상에 부합하는 친환경적이고 창조적인 조경을 연구 개발하고 있습니다. 'In to the Nature'라는 모토로 수제천은 자연을 주거환경에 적합하고 향상된 디자인으로 개발하고, 주거환경을 품격 높은 공간으로 조성하기 위해 수목과 시설물, 포장 등을 꾸준히 연구·개발하고 있습니다.

춘천 라비에벨CC 전경

춘천 라비에벨CC 클럽하우스

육군 사관학교 충무관

인천 송도 더프라우

인천 송도 테크노파크 IT센터

양평 옥천면주택